建筑电气专业系列教材

建筑消防工程设计

主编 胡林芳 郭福雁

哈尔滨工程大学出版社

内 容 简 介

本书介绍了建筑消防系统及其工程设计的相关知识,内容主要包括绪论和火灾探测器、火灾自动报警系统、灭火控制系统、防排烟系统及消防电梯、火灾应急广播系统及专用通信系统、消防电源与火灾应急照明,以及消防系统的设计及工程案例等。

本书可作为高等院校自动化、建筑电气与智能化、电气工程与自动化等本科专业和高职高专院校建筑电气工程、建筑设备工程、楼宇智能化工程、消防工程、建筑工程管理等专业的教材,也可供成人高等教育和大专院校相关专业使用,还可以供有关工程技术人员参考。

图书在版编目(CIP)数据

建筑消防工程设计/胡林芳,郭福雁主编. —哈尔滨:哈尔滨工程大学出版社,2017.5
ISBN 978 – 7 – 5661 – 1461 – 7

Ⅰ.建… Ⅱ.①胡… ②郭… Ⅲ.①建筑物 – 消防 – 工程设计 ②建筑物 – 消防 – 工程施工 ③建筑物 – 安全防护 – 工程设计 ④建筑物 – 安全防护 – 工程施工
Ⅳ.①TU998.1 ②TU89

中国版本图书馆 CIP 数据核字(2017)第 043317 号

选题策划 　张植朴
责任编辑 　张玮琪
封面设计 　语墨弘源

出版发行 　哈尔滨工程大学出版社
地　　址 　哈尔滨市南岗区东大直街 124 号
邮政编码 　150001
发行电话 　0451 – 82519328
传　　真 　0451 – 82519699
经　　销 　新华书店
印　　刷 　哈尔滨工业大学印刷厂
开　　本 　787mm ×1 092mm　1/16
印　　张 　10.5
字　　数 　265 千字
版　　次 　2017 年 5 月第 1 版
印　　次 　2017 年 5 月第 1 次印刷
定　　价 　28.80 元

http://www.hrbeupress.com
E-mail:heupress@ hrbeu.edu.cn

前　言

建筑消防主要研究火灾报警和消防联动控制系统,属于建筑物的保护系统范畴。

本书从工程实际的角度出发,阐述了在新的规范要求下的设计思路和设计方法,同时介绍了目前常用的新设备的工作原理,讲解设备选型的方法,于此之中,将理论与实际相结合,详细介绍一些工程实例,最后对消防系统的施工、安装、调试、验收以及维护等内容进行简单介绍。

全书共分为 8 章,内容为绪论、火灾探测器、火灾自动报警系统、灭火控制系统、防排烟系统及消防电梯、火灾应急广播系统及专用通信系统、消防电源与火灾应急照明、消防系统的设计及工程案例等。

本书由天津城建大学的胡林芳和天津城建大学的郭福雁担任主编,全书共 8 章,其中第 1～4 章由胡林芳编写,第 5～7 章以及附录由郭福雁编写,第 8 章由天津生态城能源投资建设有限公司的孙晓宁编写,全书由胡林芳统稿。在本书的编写过程中得到了天津华汇工程建筑设计有限公司张月洁工程师的大力支持,在此表示感谢。

限于编者水平,书中难免存在缺点和错误,敬请广大读者和同行批评指正。

编　者

2017 年 4 月

目　　录

第1章 绪 论

随着社会经济的发展和科学技术的进步,城市建设也在快速发展,高楼大厦在大中城市中随处可见,智能建筑的概念也逐渐被提出并不断深入。智能建筑中融合了现代建筑科学技术、现代通信与信息技术、计算机网络技术和智能控制技术,其功能越来越完善和现代化。而众多的高楼大厦在面临突发性灾害时,如何能确保建筑内人员的生命安全,利用各种防灾减灾的监控措施避免人员伤亡,最大限度地减小楼宇设施和财产损失,已成为人们对楼宇建筑安全性加以关注的焦点,即智能建筑中的公共安全技术越来越受到人们的重视。建筑消防与安防技术是公共安全技术的重要组成部分,也是防灾减灾工作的主要承担者。

1.1 建筑物的火灾特点

1. 高层建筑物的特点

高层建筑物的火灾特点很大程度上由高层建筑自身的特点决定,高层建筑物主要有 6 个特点。

(1)建筑结构跨度大、特性复杂

高层建筑由于采用了大跨度框架结构和灵活的环境布置,使建筑物开间和隔墙布置复杂,随着高层建筑高度增加,起火前室内外温差所形成的热风压大,起火后由于温度变化而引起烟气运动的火风压大,因而火灾时烟气蔓延、扩散迅速。同时,高层建筑室外风速、风压随着建筑物的高度而增大,当建筑物高度为 90 m 时,其顶层的风速可达 15 m/s;室外风速增大,则火灾烟气蔓延速度急剧加快。

此外,高层建筑上下、内外联系的主要工具是电梯,一旦发生火灾,则疏散困难。当火灾发生而必须切断电源时,普通电梯不能使用,仅靠疏散楼梯进行安全疏散,费时多。

(2)建筑环境要求高、内部装饰材料多

为了加强高层建筑室内外空间的艺术效果和实现环境舒适性要求,满足在其中工作、生活的人们的生理和心理的多种需求,高层建筑中的贴墙面层、顶层吊顶、地毯、灵活的空花隔断、窗帘、家具等均大量采用易燃或可燃材料,且有不少是有机高分子材料,尽管一些可能经过了阻燃处理,但遇火后这些易燃、可燃材料或有机高分子材料将分解出大量的 CO、CO_2 及少量的 HCN、H_2S、NH_3、HF、SO_2 等有害气体,直接危害人的生命安全。

(3)电气设备多、监控要求高

在高层建筑中,大量使用各种电气设备,如照明灯具、电冰箱、电视机、电话、自动电梯和扶梯、电炉、空调设备、驱动电机、自备发电机组等,还有通信和广播电视、大型电子计算机等电气设备,电气设备配电线路和信息数据通信布线系统密如蛛网,若一处出现电火花或线路绝缘层老化碰线短路而发生电气火灾,火灾会沿着线路迅速蔓延。

(4)人员多且集中

一般高层建筑容纳有成百上千甚至数以万计的人员,一旦发生火灾,人的慌乱心理加上建筑通道复杂及楼层多等,使人员疏散难度大,难以安全疏散逃离。

(5)建筑功能复杂多样

高层建筑多数是多用途的综合性大楼,往往设有办公室、写字间、会议厅、商业贸易厅、饭店、旅馆、公寓、住宅、餐厅、歌舞厅、娱乐场、室内运动场等,以及建筑自身必要的厨房、锅炉房、变配电室、物资保管室、汽车库、各种库房、不同功能用房,从而造成安全疏散通道曲折隐蔽。

(6)管道竖井多

高层建筑内部必然设置有电梯及楼梯井、上下水管道井、电线电缆井、垃圾井等,这些竖井若未加垂直和水平方向隔断措施,一旦烟火窜入,则会产生"烟囱"效应,将使火灾迅速蔓延扩散到上层楼房。

2. 高层建筑的火灾危险性及特点

(1)火势蔓延快　高层建筑的楼梯间、电梯井、管道井、风道、电缆井、排气道等竖向井道,如果防火分隔不好,发生火灾时就形成烟囱效应,据测定,在火灾初起阶段,因空气对流,在水平方向造成的烟气扩散速度为 0.3 m/s,在火灾燃烧猛烈阶段,可达 0.5~3 m/s;烟气沿楼梯间或其他竖向管井扩散速度为 3~4 m/s。如一座高度为 100 m 的高层建筑,在无阻挡的情况下,仅半分钟烟气就能扩散到顶层。另外风速对高层建筑火势蔓延也有较大影响,据测定,在建筑物 10 m 高处风速为 5 m/s,而在 30 m 处风速就为 8.7 m/s,在 60 m 高处风速为12.3 m/s,在 90 m 处风速可达 15.0 m/s。

(2)疏散困难　由于层数多,垂直距离长,疏散引入地面或其他安全场所的时间也会长些,再加上人员集中,烟气由于竖井的拔气,向上蔓延快,都增加了疏散难度。

(3)扑救难度大　由于楼层过高,消防车无法接近着火点,一般应立足自救。

(4)易燃合成材料大量应用加大伤亡　材料的可燃、易燃性增加发生火灾的可能性,材料燃烧过程中大量毒烟的产生增大伤亡性。

(5)高温易燃建筑结构失衡　钢筋混凝土和钢结构,因火灾高温会失稳、倒塌。

(6)电气、燃气广泛应用更导致火灾多发　漏气(爆炸)、过载(发热)、线路(电火花)是火灾祸因。

3. 建筑火灾发生、发展的过程和阶段

火灾是指在时间或空间上失去控制的燃烧所造成的火灾。对于建筑火灾而言,最初发生在室内的某个房间或某个部位,然后由此蔓延到相邻的房间或区域,以及整个楼层,最后蔓延到整个建筑物。其发展过程大致可分为初期增长阶段、充分发展阶段和衰减阶段。图 1-1 为建筑室内火灾温度—时间曲线。

(1)初期增长阶段

室内火灾发生后,最初只局限于着火点处的可燃物燃烧。局部燃烧形成后,可能会出现以下三种情况,一是最初着火的可燃物燃尽而终止;二是因通风不足,火灾可能自行熄灭,或受到较弱供氧条件的支持,以缓慢的速度维持燃烧;三是有足够的可燃物,且有良好的通风条件,火灾迅速发展至整个房间。

这一阶段着火点局部温度较高,燃烧的面积不大,室内各点的温度不平衡。由于可燃物性能、分布和通风、散热等条件的影响,燃烧的发展大多比较缓慢,有可能形成火灾,也有可能中途自行熄灭,燃烧发展不稳定。火灾初期阶段持续时间的长短不定。

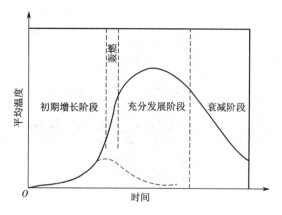

图 1-1 建筑室内火灾温度—时间曲线

（2）充分发展阶段

在建筑室内火灾持续燃烧一定时间后，燃烧的范围不断扩大，温度升高，室内的可燃物在高温下，不断分解释放出可燃气体，当房间内温度达到 400～600 ℃时，室内绝大部分可燃物起火燃烧，这种在一限定空间内可燃物的表面全部卷入燃烧的瞬变状态，称为轰燃。轰燃的出现是燃烧释放的热量在室内逐渐累积与对外散热共同作用、燃烧速率急剧增大的结果。通常，轰燃的发生标志着室内火灾进入充分发展阶段。

轰燃发生后，室内可燃物出现全面燃烧，可燃物热释放速率很大，室温急剧上升，并出现持续高温，温度可达 800～1 000 ℃。之后，火焰和高温烟气在火风压的作用下，会从房间的门窗、孔洞等处大量涌出，沿走廊、吊顶迅速向水平方向蔓延扩散。同时，由于烟囱效应的作用，火势会通过竖向管井、共享空间等向上蔓延。

（3）衰减阶段

在火灾全面发展阶段的后期，随着室内可燃物数量的减少，火灾燃烧速度减慢，燃烧强度减弱，温度逐渐下降，当降到其最大值的 80%时，火灾则进入熄灭阶段。随后房间内温度下降显著，直到室内外温度达到平衡为止，火完全熄灭。

1.2 火灾自动报警系统

火灾自动报警系统是火灾探测报警与消防联动控制系统的简称，是以实现火灾早期探测和报警、向各类消防设备发出控制信号并接收、显示设备反馈信号，进而实现预定消防功能为基本任务的一种自动消防设施。

火灾自动报警系统由火灾探测报警系统、消防联动控制系统、可燃气体探测报警系统及电气火灾监控系统组成（图 1-2）。

1.2.1 火灾自动报警系统在建筑防火防控中的作用

在"以人为本，生命第一"的今天，建筑物内设置消防系统第一任务就是保障人身安全，这就是消防系统设计最基本的理念。从这一基本理念出发，就会得出这样的结论：尽早发现火灾、及时报警、启动有关消防设施，引导人员疏散；如果火灾发展到需要启动自动灭火设施的程

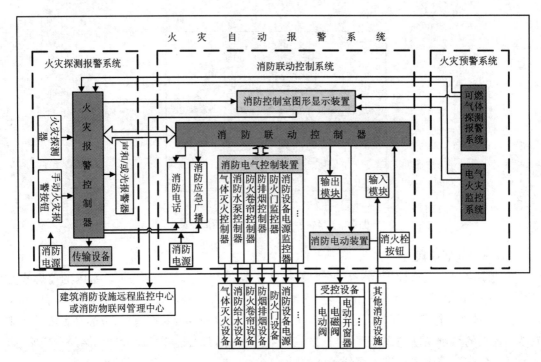

图1-2 火灾自动报警系统的组成

度,就应启动相应的自动灭火设施,扑灭初期火灾;启动防火分隔设施,防止火灾蔓延。自动灭火系统启动后,火灾现场中的幸存者就只能依靠消防救援人员帮助逃生了,因为火灾发展到这个阶段时,滞留人员由于毒气、高温等原因已经丧失了自我逃生的能力。图1-3 给出了与火灾相关的几个消防过程。

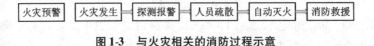

图1-3 与火灾相关的消防过程示意

由图1-3 和图1-4 中可以看出,探测报警与自动灭火之间是至关重要的人员疏散阶段,这一阶段根据火灾发生的场所、起火原因、燃烧物等因素不同,有几分钟到几十分钟不等的时间,可以说这是直接关系到人身安全最重要的阶段,因此在任何需要保护人身安全的场所,设置火灾自动报警系统均具有不可替代的重要意义。

1.2.2 消防设施在火灾不同发展阶段的作用

建筑火灾从初期增长、充分发展到最终衰减的全过程,是随着时间的推移而变化的,然而受火灾现场可燃物、通风条件及建筑结构等多种因素的影响,建筑火灾各个阶段的发展以及从一个阶段发展至下一个阶段并不是一个时间函数,即发展过程所需的时间具有很大的不确定性。但是,火灾在发展到特定阶段时具有一定共性的火灾特征,建筑内设置的消防设施的消防功能是针对火灾不同阶段的火灾特征而展开的,这也是指导火灾探测报警、联动控制设计的基本思想。

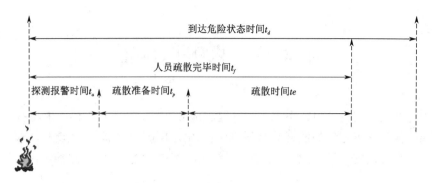

图1-4 火灾时报警和疏散时间分布图

1. 火灾的早期探测和人员疏散

建筑火灾在初期增长阶段一般首先会释放大量的烟雾,设置在建筑内的感烟火灾探测器在检测到防护区域烟雾的变化时做出报警响应,并发出火灾警报警示建筑内的人员火灾事故的发生;启动消防应急广播系统指导建筑内的人员进行疏散,同时启动应急照明及疏散指示系统、防排烟系统为人员疏散提供必要的保障条件。

2. 初期火灾的扑救

随着火灾的进一步发展,可燃物从阴燃状态发展为明火燃烧、伴有大量的热辐射,温度的升高会启动设置在建筑中的在自动喷水灭火系统;或导致火灾区域设置的感温火灾探测器等动作,火灾自动报警系统按照预设的控制逻辑启动其他自动灭火系统,对火灾进行扑救。

3. 有效阻止火灾的蔓延

到充分发展阶段,火灾开始在建筑物中蔓延,这时火灾自动报警系统将根据火灾探测器的动作情况按照预设的控制逻辑联动控制防火卷帘、防火门及水幕系统等防火分隔系统,以阻止火灾向其他区域蔓延。

综上所述,设计人员应首先根据保护对象的特点确定建筑的消防安全目标,系统设计的各个环节必须紧紧围绕设定的消防安全目标进行;同时设计人员应了解火灾不同阶段的特征,清楚建筑各消防系统(设施)的消防功能,并掌握火灾自动报警系统和其他消防系统在火灾时动作的关联关系,以保证各系统在火灾发生时,各建筑消防系统(设施)能按照设计要求协同、有效地动作,从而确保实现设定的消防安全目标。

思 考 题

1. 火灾报警系统由哪几部分组成?

2. 火灾报警系统在火灾的各个阶段起什么作用?

第2章 火灾探测器

火灾探测器是火灾自动报警系统的基本组成部分之一,它至少含有一个能够连续或以一定频率周期监视与火灾有关的适宜的物理和/或化学现象的传感器,并且至少能够向控制和指示设备提供一个合适的信号,是否报火警或操纵自动消防设备,可由探测器或控制和指示设备做出判断。

2.1 火灾探测器的分类及性能指标

2.1.1 火灾探测器的分类

火灾探测器可以从火灾参数、监视范围、功能性等角度进行分类。

1.火灾探测器根据火灾参数的分类

根据其探测火灾参数的不同,火灾探测器可以分为感烟式、感温式、感光式、气体以及复合式火灾探测器等五种基本类型。

(1)感烟火灾探测器 对悬浮在大气中的燃烧和/或热解产生的固体或液体微粒响应的火灾探测器。进一步可以分为离子感烟、光电感烟、红外光束、吸气型等火灾探测器。

(2)感温火灾探测器 是对警戒范围内某一点或某一线段周围的温度参数(异常温度、异常温差和异常温升速率)响应的火灾探测器。

(3)感光火灾探测器 对火焰发出的特定波段电磁辐射响应的探测器,又称火焰探测器,进一步可分为紫外、红外及其复合式等火灾探测器。

(4)气体火灾探测器 对燃烧或热解产生的气体响应的探测器。

(5)复合火灾探测器 将多种探测原理集中于一身的探测器,进一步可分为烟温复合、红外紫外复合等火灾探测器。

此外,还有一些特殊类型的火灾探测器,包括使用摄像机、红外热成像器件等视频设备或它们的组合获取监控现场视频信息,进行火灾探测器的图像型火灾探测器;探测泄漏电流大小的漏电流感应型火灾探测器;探测静电电位高低的静电感应型火灾探测器;还有在一些特殊场合使用的、要求探测极其灵敏、动作极为迅速,通过探测爆炸产生的参数变化(如压力的变化)信号来抑制、消灭爆炸事故发生的微压差型火灾探测器;利用超声原理探测火灾的超声波火灾探测器等。

2.火灾探测器根据监视范围的分类

火灾探测器根据其监视范围的不同,分为点型火灾探测器和线型火灾探测器。

(1)点型火灾探测器 响应一个小型传感器附近火灾特征参数的探测器。

(2)线型火灾探测器 响应某一连续路线附近火灾特征参数的探测器。

此外,还有一种多点型火灾探测器:响应多个小型传感器(如热电偶)附近的火灾特征参数的探测器。

3. 火灾探测器根据是否有复位(恢复)功能的分类

火灾探测器根据其是否具有复位功能,分为可复位和不可复位两种类型。

(1)可复位探测器　在响应后和在引起响应的条件终止时,不更换任何组件即可从报警状态恢复到监视状态的探测器。

(2)不可复位探测器　响应后不能恢复到正常监视状态的探测器。

4. 火灾探测器根据是否有可拆卸性的分类

火灾探测器根据其维修和保养时是否具有可拆卸性,分为可拆卸和不可拆卸两种类型。

(1)可拆卸探测器　探测器设计成容易从正常运行位置上拆下来,以便于维修保养。

(2)不可拆卸探测器　在维修和保养时,探测器不容易从正常运行位置上拆卸下来。

2.1.2　火灾探测器的性能指标

(1)工作电压和允差

工作电压是指火灾探测器正常工作时所需的电源电压。

允差是指火灾探测器工作电压允许波动的范围。按照国家标准规定,允差为额定工作电压的 $-15\% \sim 10\%$。

(2)响应阈值

响应阈值是指火灾探测器动作的最小参数值,不同类型火灾探测器响应阈值单位量纲也不相同,点型感烟火灾探测器响应阈值为减光系数 m 值(dB/m)或烟离子对电离室中电离电流作用的参数 Y 值(无量纲);线型感烟探测器的响应阈值是采用代表紫外线辐射强度的单位长度、单位时间的脉冲数(光敏管受光强照射后发出的脉冲数);定温式火灾探测器的响应阈值为温度值(℃);差温式火灾探测器的响应阈值为温升速率值(℃/min);气体火灾探测器的响应阈值采用气体浓度值(mg/m^3)。

(3)监视电流

监视电流是指火灾探测器处于监视状态下的工作电流。监视电流表示火灾探测器在监视状态下的功耗,因此要求火灾探测器的监视电流越小越好。

(4)允许的最大报警电流

允许的最大报警电流是指火灾探测器处于报警状态时允许的最大工作电流。若超过此电流值,火灾探测器就可能损坏。允许的最大报警电流越大,表明火灾探测器的负载能力越强。

(5)报警电流

报警电流是指处于报警状态时的工作电流。此值小于最大报警电流。报警电流值和允差值决定了火灾探测报警系统中火灾探测器的最远安装距离。

(6)工作环境条件

工作环境条件指环境温度、相对湿度、气流速度和清洁程度等。通常要求火灾探测器对工作环境的适应性越强越好。

2.2 探测器的原理

2.2.1 感烟火灾探测器

烟雾是火灾的早期现象,利用感烟火灾探测器可以最早感受火灾信号,即火灾参数,所以,感烟火灾探测器是目前世界上应用较普及、数量较多的火灾探测器。据了解,感烟火灾探测器可以探测 70% 以上的火灾。目前,常用的感烟火灾探测器是离子感烟火灾探测器和光电感烟火灾探测器。

1. 离子感烟火灾探测器

离子感烟火灾探测器是采用空气离化探测火灾方法构成和工作的。它利用放射性同位素释放的高能量 α 射线将局部空间的空气电离产生正、负离子,在外加电压的作用下形成离子电流。当火灾产生的烟雾及燃烧产物,即烟雾气溶胶进入电离空间(一般称作电离室)时,比表面积较大的烟雾粒子将吸附其中的带电离子,产生离子电流变化,经电子线路加以检测,从而获得与烟浓度有直接关系的电测信号,用于火灾确认和报警。

采用空气离化探测法实现感烟探测,对于火灾初起和阴燃阶段的烟雾气溶胶检测非常灵敏有效,可测烟雾粒径范围在 $0.03 \sim 10~\mu m$ 左右。这类火灾探测器通常只适于构成点型结构。

感烟电离室是离子感烟火灾探测器的核心传感器件,其结构和特性如图 2-1 所示。电离室两电极 $P_1 P_2$ (图 2-1(a))间的空气分子受到放射源不断放出的 α 射线照射,高速运动的 α 粒子撞击空气分子,使得两电极间空气分子电离为正离子和负离子,这样,电极之间原来不导电的空气具有了导电性。此时在电场作用下,正、负离子的有规则运动,使得电离室呈现典型的伏安特性,形成离子电流。离子电流的大小与电离室的几何尺寸、放射源的活度、α 粒子能量、施加的电压大小以及空气的密度、湿度、温度和气流速度等因素有关。

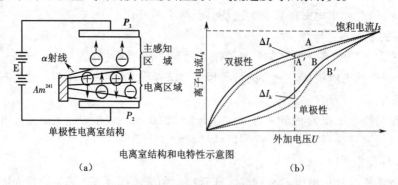

图 2-1 电离室结构和电特性示意图

在离子感烟火灾探测器中,电离室可以分为双极型和单极型两种结构。整个电离室全部被 α 射线照射的称为双极型电离室;电离室局部被 α 射线照射,使一部分形成电离区,而未被 α 射线照射的部分成为非电离区,从而形成单极型电离室。一般离子感烟探测器的电离室均设计成为单极型的。当发生火灾时,烟雾进入电离室后,单极型电离室要比双极型电离室的离子电流变化大,可以得到较大的反映烟雾浓度的电压变化量,从而提高离子感烟火灾探测器的灵敏度。

当有火灾发生时,烟雾粒子进入电离室后,被电离部分(区域)的正离子和负离子被吸附到烟雾粒子上,使正、负离子相互中和的几率增加,从而将烟雾粒子浓度大小以离子电流变化量大小表示出来,实现对火灾参数的检测。

2. 光电感烟火灾探测器

根据烟雾粒子对光的吸收和散射作用,光电感烟火灾探测器可分为减光式和散射光式两种类型。

(1)减光式光电感烟探测原理

减光式光电感烟探测器原理如图 2-2 所示。进入光电检测暗室内的烟雾粒子对光源发出的光产生吸收和散射作用,使通过光路上的光通量减少,从而在受光元件上产生的光电流降低。光电流相对于初始标定值的变化量大小,反映了烟雾的浓度大小,据此可通过电子线路对火灾信息进行阈值放大比较、类比判断处理或火灾参数运算,最后通过传输电路产生相应的火灾信号,构成开关量火灾探测器、类比式模拟量火灾探测器或分布智能式智能化火灾探测器。

减光式光电感烟火灾探测原理可用于构成点型结构的火灾探测器。用微小的暗箱式烟雾检测室探测火灾产生的烟雾浓度大小,实现有效的火灾探测。但是减光式光电感烟探测原理更适于构成线测结构的火灾探测器,实现大面积火灾探测,如收、发光装置分离式主动红外光束感烟火灾探测器。

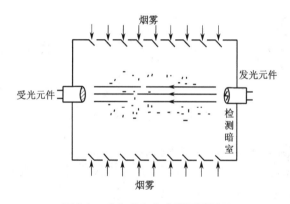

图 2-2　减光式光电感烟探测原理

(2)散射光式光电感烟火灾探测原理

散射光式光电感烟火灾探测原理如图 2-3 所示。进入遮光暗室的烟雾粒子对发光元件(光源)发出的一定波长的光产生散射作用(按照光散射定律,烟粒子需轻度着色,且当其粒径大于光的波长时将产生散射作用),使处于一定夹角位置的受光元件(光敏元件)的阻抗发生变化,产生光电流。此光电流的大小与散射光强弱有关,并且由烟粒子的浓度和粒径大小及着色与否来决定。根据受光元件的光电流大小(无烟雾粒子时光电流大小约为暗电流),即当烟粒子浓度达到一定值时,散射光的能量就足以产生一定大小的激励用光电流,可以用于激励遮光暗室外部的信号处理电路发出火灾信号。

散射光式光电感烟探测方式一般只适用于点型探测器结构,其遮光暗室中发光元件与受光元件的夹角在 90°～135°之间。

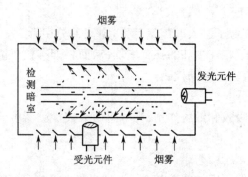

图 2-3 散射光式光电感烟探测原理

3. 线型感烟探测器

线型感烟探测器可分为激光线型和红外线型两种类型。从成本、功耗和实用角度考虑,目前大多使用红外光束感烟探测器。线型红外光束感烟探测器由发射器、光学系统和接收器三部分组成,其原理如图 2-4 所示。当测量区内无烟时,发射器发出的红外光束被接收器接收到,这时的系统调整在正常的监视状态。如果有烟雾扩散到测量区内时,对红外光束起到吸收和散射的作用,使达到接收器的光信号减弱,接收器则对此信号进行放大、处理并输出。

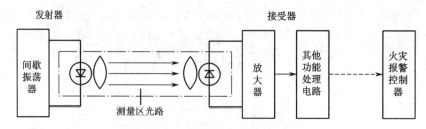

图 2-4 线型红外光束感烟探测器原理示意

4. JTY-GD-G3 型点型光电感烟火灾探测器

JTY-GD-G3 型点型光电感烟火灾探测器采用无极性信号二总线技术,可与海湾公司生产的各类火灾报警控制器配合使用。

(1)特点

内置带 A/D 转换的八位单片机,具备强大的分析、判断能力,通过在探测器内部固化的运算程序,可自动完成对外界环境参数变化的补偿及火警、故障的判断,存储环境参数变化的特征曲线,极大提高了整个系统探测火灾的实时性、准确性;

采用电子编码方式,现场编码简单、方便;

采用指示灯闪烁的方式提示其正常工作状态,可在现场观察其运行状况;

底部采用密封方式,可有效防水、防尘、防止恶劣的应用环境对探测器造成的损坏。

(2)主要技术指标

工作电压:总线为 24 V

监视电流≤0.8 mA

报警电流≤1.8 mA

报警确认灯:红色,巡检时闪烁,报警时常亮

使用环境:温度为 -10~55 ℃;相对湿度≤95% ,不结露

编码方式:十进制电子编码

外壳防护等级:IP23

外形尺寸:直径为 100 mm,高为 56 mm(带底座)

(3)保护面积

当空间高度为 6~12 m 时,一个探测器的保护面积,对一般保护场所而言为 80 m²。空间高度为 6 m 以下时,保护面积为 60 m²。具体参数应以《火灾自动报警系统设计规范》(GB 50116)为准。

(4)结构特征、安装与布线

探测器的外形结构示意图如图 2-5 所示。

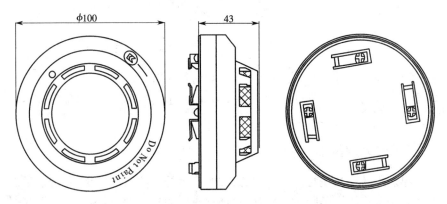

图2-5　JTY-GD-G3 型点型光电感烟火灾探测器的外形结构示意图

探测器安装方式如图 2-6 所示。

接线盒可采用 86H50 型标准预埋盒,其结构尺寸外形示意图如图 2-7 所示。

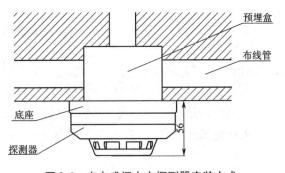

图2-6　光电感烟火灾探测器安装方式

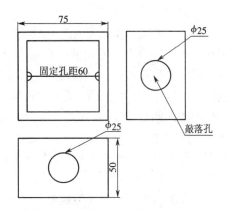

图2-7　预埋盒结构尺寸示意图

DZ-02 探测器通用底座外形示意图如图 2-8 所示。

底座上有 4 个导体片,片上带接线端子,底座上不设定位卡,便于调整探测器报警指示灯的方向。预埋管内的探测器总线分别接在任意对角的二个接线端子上(不分极性),另一对导体片用来辅助固定探测器。

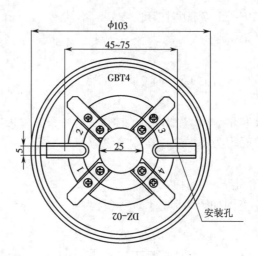

图 2-8　光电感烟火灾探测器通用底座外形示意图

待底座安装牢固后,将探测器底部对正底座顺时针旋转,即可将探测器安装在底座上。

布线要求:探测器二总线宜选用截面积≥1.0 mm² 的阻燃 RVS 双绞线,穿金属管或阻燃管敷设。

2.2.2　感温式火灾探测器

在火灾初起阶段,使用热敏元件来探测火灾的发生是一种有效的手段,特别是那些经常存在大量粉尘、油雾、水蒸气的场所,无法使用感烟火灾探测器,只有用感温火灾探测器才比较合适。在某些重要的场所,为了提高火灾监控系统的功能和可靠性,或保证自动灭火系统的动作的准确性,也要求同时使用感烟和感温火灾探测器。

感温火灾探测器可以根据其作用原理分为以下几类。

1. 定温式火灾探测器

定温式火灾探测器是在规定时间内,火灾引起的温度上升超过某个定值时启动报警的火灾探测器。它有点型和线型两种结构形式。其中线型结构的温度敏感元件呈线状分布,所监视的区域是一条线带。当监测区域中某局部环境温度上升达到规定值时,可熔的绝缘物熔化使感温电缆中两导线短路,或采用特殊的具有负温度系数的绝缘物质制成的可复用感温电缆产生明显的阻值变化,从而产生火灾报警信号。点型结构是利用双金属片、易熔金属、热电偶、热敏半导体电阻等元件,在规定的温度值产生火灾报警信号。目前,常用的定温式火灾探测器有双金属、易熔合金和热敏电阻几种形式。

（1）双金属型定温火灾探测器

图 2-9 是一种双金属型定温探测器的结构示意图。它是在一个不锈钢的圆筒形外壳内固定两块磷铜合金片,磷铜片两端有绝缘套,在中段部位装有一对金属触头,每个触头各由导线引出。由于不锈钢外壳的热膨胀系数大于磷铜片,故在受热后磷铜片被拉伸而使两个触头靠拢;当达到预定温度时触点闭合,导线构成闭合回路,便能输出信号给报警装置报警。两块磷铜片的固定处有调整螺钉,可以调整它们之间的距离,以改变动作值,一般可使探测器在标定的 40~250 ℃ 的范围内进行调整。但调整工作只能由制造厂家在专用设备上精密测试后加以标定,用户不得自行调整,而只能按标定值选用。这种双金属片定温火灾探测器在环境温度恢

复正常后(火灾过后),其双金属片又可以复原,火灾探测器可长时间重复使用,故它又称为可恢复型双金属定温火灾探测器。

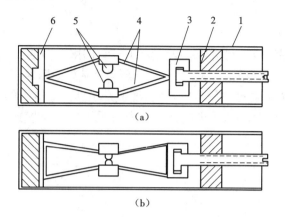

图 2-9　双金属型定温火灾探测器结构示意图

(a)常开型　(b)常闭型

1—不锈钢外壳;2—导线;3—调整螺钉;

4—磷铜片;5—金属触头;6—绝缘套

(2)易熔金属型定温火灾探测器

易熔金属型定温探测器的原理是利用低熔点(易熔)金属在火灾初起环境温度升高且达到熔点温度时被熔化脱落,从而使机械结构部件动作(如弹簧弹出、顶杆顶起等),造成电触点接通或断开,发出电气信号。

图 2-10 所示是 JWD 型易熔金属定温火灾探测器的结构图。在探测器下端的吸热罩中间与特种螺钉间焊有一小块低熔点合金(熔点为 70～90 ℃)使顶杆与吸热罩相连接,离顶杆上端一定距离处有一弹性接触片及固定触点,平时它们并不互相接触。如遇火灾,当温度升至标定值时,低熔点合金熔化脱落,顶杆借助弹簧弹力弹起,使弹性接触片与固定触头相碰通电而发出报警信号。这种探测器结构简单,牢固可靠,很少误动作。

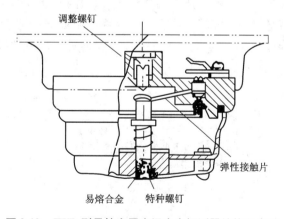

图 2-10　JWD 型易熔金属定温火灾探测器结构示意图

易熔金属定温探测器在适用范围和安装事项上基本与双金属片定温探测器相同。但应当加以注意的是:易熔金属定温探测器一旦动作后,即不可复原再用,故在安装时,不能在现场用模拟热源进行测试。另外,在安装后每隔几年(一般为五年)应进行一次抽样测试,每次抽试数不应少于安装总数的5%,且最少应为2只。当抽样中出现一只失效,应再加倍抽试、如再有失效情况发生,则应全部拆除换新。

(3)电子式定温火灾探测器

电子式定温火灾探测器是利用热敏电阻受到温度作用时,其自身在探测器电路中起的特定作用,使探测器实现定温报警功能的。图2-11所示为热敏电阻定温火灾探测器的工作原理图。它采用一个CTR临界温度热敏电阻,当温度上升达到热敏电阻的临界值时,其阻值迅速从高阻态转向低阻态,将这种阻值的明显变化采集并采用信号电路予以处理判断,可实现火灾报警。

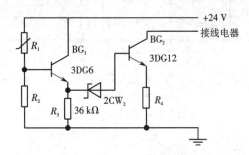

图2-11　热敏电阻定温火灾探测器工作原理图

(4)线型感温火灾探测器

线型感温火灾探测器一般采用定温式火灾探测原理并制造成电缆状。它的热敏元件是沿着一条线连续分布的,只要在线段上任何一点的温度出现异常,就能探测到并发出报警信号。常用的有热敏电缆型及同轴电缆型两种,可复用式线型感温电线也有相应报道。

热敏电缆型定温火灾探测器的构造是,在二根钢丝导线外面各罩上一层热敏绝缘材料后拧在一起,置于编织电缆的外皮内。热敏绝缘材料能在预定的温度下熔化,造成两条导线短路,使报警装置发出火灾报警信号。

同轴电缆型定温火灾探测器的构造是,在金属丝编织的网状导体中放置一根导线,在内、外导体之间采用一种特殊绝缘物充填隔绝。这种绝缘物在常温下呈绝缘体特性,一旦遇热且达到预定温度则变成导体特性,于是造成内外导体之间的短路,使报警装置发出报警信号,如图2-12所示。

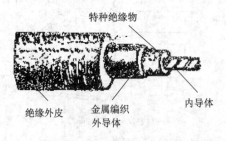

图2-12　同轴电缆型定温火灾探测器的构造

可复用电缆型定温火灾探测器的构造是,采用四根导线两两短接构成的两个互相比较的监测回路,四根导线的外层涂有特殊的具有负温度系数物质制成的绝缘体。当感温电缆所保护场所的温度发生变化时,两个监测回路的电阻值会发生明显的变化,达到预定的报警值时产生报警信号输出。这种感温电缆的特点是非破坏性报警,即发出报警信号是在感温元件的常态下产生出来的,除非电缆工作现场温度过高,同时感温电缆暴露在高温下的时间过久(直接接触温度高于250 ℃),否则它在报警过后仍能恢复正常工作状态。

2. 差温式火灾探测器

差温式火灾探测器是在规定时间内,火灾引起的温度上升速率超过某个规定值时启动报警的火灾探测器。它也有线型和点型两种结构。线型结构差温式火灾探测器是根据广泛的热效应而动作的,主要的感温元件有按面积大小蛇形连续布置的空气管、分布式连接的热电偶以及分布式连接的热敏电阻等。点型结构差温式火灾探测器是根据局部的热效应而动作的,主要感温元件有空气膜盒、热敏半导体电阻元件等。消防工程中常用的差温式火灾探测器多是点型结构,差温元件多采用空气膜盒和热敏电阻。

图2-13 所示是膜盒型差温火灾探测器结构示意图。当火灾发生时,建筑物室内局部温度将以超过常温数倍的异常速率升高。膜盒型差温火灾探测器就是利用这种异常速率产生感应并输出火灾报警信号。它的感热外罩与底座形成密闭的气室,只有一个很小的泄漏孔能与大气相通。当环境温度缓慢变化时,气室内外的空气可通过泄漏孔进行调节,使内外压力保持平衡。如遇火灾发生,环境温升速率很快,气室内空气由于急剧受热而膨胀来不及从泄漏孔外逸,致使气室内空气压力增高,将波纹片鼓起与中心接线柱相碰,于是接通了电触点,便发出火灾报警信号。这种探测器具有灵敏度高,可靠性好,不受气候变化影响的特点,因而应用十分广泛。

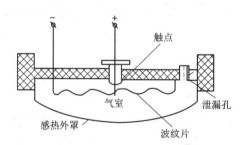

图2-13　膜盒型差温火灾探测器结构示意图

3. 差定温式火灾探测器

差定温式火灾探测器结合了定温式和差温式两种感温作用原理并将两种探测器结构组合在一起。在消防工程中,常见的差定温火灾探测器是将差温式、定温式两种感温火灾探测器组装结合在一起,兼有两者的功能。若其中某一功能失效,则另一种功能仍然起作用。因此,大大提高了火灾监测的可靠性。差定温式火灾探测器一般多是膜盒式或热敏半导体电阻式等点型结构的组合式火灾探测器。差定温火灾探测器按其工作原理,还可分为机械式和电子式两种。

(1)机械式差定温火灾探测器

图2-14 所示是机械式差定温火灾探测器的结构示意图。它的差温探测部分与膜盒型差温火灾探测器基本相同;而定温探测部分则与易熔金属型火灾探测器相似。故其工作原理是弹簧片的一端用低熔点合金焊接在外罩内壁,当环境温度达到标定温度值时,低熔点合金熔

化,弹簧片弹回,压迫固定在波纹片上的弹性触片(动触点),动触点动作接通电源,发出电信号(火灾信号)。

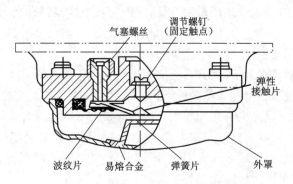

图 2-14　差定温火灾探测器结构示意图

(2)电子式差定温火灾探测器

电子式差定温火灾探测器在当前火灾监控系统中用得较普遍。它的定温探测和差温探测两部分都是由半导体电子电路来实现的。图 2-15 所示是 JW-DC 型电子式差定温火灾探测器的电路原理图。它共采用三只热敏电阻 R_1、R_2 和 R_5,其特性均随着温度升高而阻值下降。共中差温探测部分的 R_1 和 R_2 阻值相同,特性相似,在探头中布置在不同的位置上:R_2 布置在铜外壳上,对外界温度变化较为敏感;R_1 布置在一个特制的金属罩内,对环境温度的变化不敏感。当环境温度缓慢变化时,R_1 和 R_2 的阻值相近,BG_1 维持在截止状态。当发生火灾时,温度急剧上升,R_2 因直接受热,阻值迅速下降;而 R_1 则反应较慢,阻值下降较小,从而导致 A 点电位降低;当电位降低到一定程度时,BG_1、BG_3 导通,向报警装置输出火警信号。

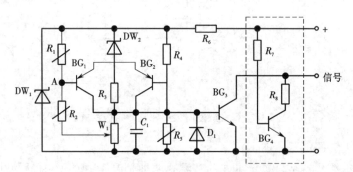

图 2-15　电子式差定温火灾探测器原理图

定温探测器部分由 BG_2 和 R_5 组成。当温度升高至标定值时(如 70 ℃或 90 ℃)R_5 的阻止降低至动作值,使 BG_2 导通,随即 BG_3 也导通,向报警装置发出火警信号。

图中虚线部分为火灾报警器至火灾探测器间断路自动监控环节。正常时 BG_4 处于导通状态,如火灾探测器三根引出线中任一根线断掉,BG_4 立即截止,向报警装置发出断路故障信号。这一监控环节只在报警装置的一个分路(一个探测部位)上的最后一只(终端)火灾探测器上才设置,与之并联的其他火灾探测器上则均无此监控环节,这也就是"终端型"火灾探测器与"非终端型"火灾探测器区别所在。

4. JTW-ZCD-G3N 型点型感温火灾探测器

（1）特点

JTW-ZCD-G3N 型点型感温火灾探测器采用无极性信号二总线技术，可与海湾公司生产的各类火灾报警控制器的报警总线以任意方式并接，特别适用于发生火灾时有剧烈温升的场所，与感烟探测器配合使用更能可靠探测火灾，减少损失。本探测器具有以下特点：

结构新颖、外形美观、性能稳定可靠；

采用带 A/D 转换的单片机，实时采样处理数据、并能保存 14 个历史数据，曲线显示跟踪现场情况；

地址编码由电子编码器直接写入，工程调试简便可靠。

（2）主要技术指标

探测器类别：A1R

工作电压：总线 24 V

监视电流≤0.8 mA

报警电流≤1.8 mA

报警确认灯：红色，巡检时闪烁，报警时常亮

使用环境：温度万 – 10 ~ 50 ℃，相对湿度≤95%，不结露

编码方式：十进制电子编码

外壳防护等级：IP33

外形尺寸：直径为 100 mm，高为 58 mm（带底座）

（3）保护面积

当空间高度小于 8 m 时，一个探测器的保护面积，对一般保护现场而言为 20 ~ 30 m²。具体设计参数应以《火灾自动报警系统设计规范》（GB 50116）为准。

（4）结构特征、安装与布线

探测器的外形结构示意图如图 2-16 所示。

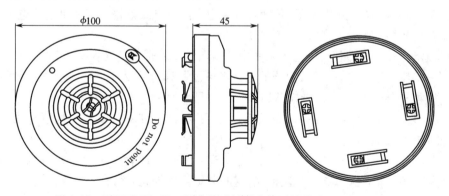

图 2-16　JTW-ZCD-G3N 型点型感温火灾探测器的外形结构示意图

本探测器的安装及布线与 JTY-GD-G3 型点型光电感烟火灾探测器相同。

2.2.3　感光式火灾探测器

感光式火灾探测器主要是指火焰光探测器，目前广泛使用紫外式和红外式两种类型。

1. 紫外感光火灾探测器

当有机化合物燃烧时,其氢氧根在氧化反应中会辐射出强烈的波长为 2500 Å 的紫外光。紫外感光火灾探测器就是利用火焰产生的强烈紫外辐射光来探测火灾的。

紫外感光火灾探测器的敏感元件是紫外光敏管,如图 2-17 所示。它是在玻璃外壳内装置两根高纯度的钨或银丝制成的电极。当电极接收到紫外光辐射时立即发射出电子,并在两极间的电场作用下被加速。由于管内充有一定量氢气和氦气,所以当这些被加速而具有较大动能的电子同气体分子碰撞时,将使气体分子电离,电离后产生的正负离子又被加速,它们又会使更多的气体分子电离。于是在极短的时间内,造成"雪崩"式的放电过程,从而使紫外光敏管由截止状态变成导通状态,驱动电路发出报警信号。

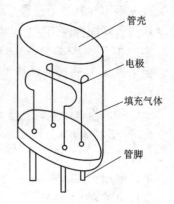

图 2-17　紫外光敏管结构示意图

管壳
电极
填充气体
管脚

一般紫外光敏管只对 1 900 ~ 2 900 Å 的紫外光起感应,因此它能有效地探测出火焰而又不受可见光和红外线辐射的影响。太阳光中虽然存在强烈的紫外光辐射,但由于在透过大气层时,被大气中的臭氧层大量吸收,到达地面的紫外光能量很低。而其他的新型电光源,如汞弧灯、卤钨灯等均辐射出丰富的紫外光,但是一般的玻璃能强烈吸收 2 000 ~ 3 000 Å 范围内的紫外光,因而紫外光敏管对有玻璃外壳的一般照明灯光是不敏感的。所以,采用紫外光敏管探测火灾有较高的可靠性。此外,紫外光敏管具有输出功率大、耐高温、寿命长、反应快速等特点,可在交直流电压下工作,因而已被广泛用于探测火灾引起的波长在 0.2 ~ 0.3 μm 以下的紫外辐射和作为大型锅炉火焰状态的监视元件。它特别适用于火灾初期不产生烟雾的场所(如生产、储存酒精和石油等的场所),也适用于电力装置火灾监控和探测快速火焰及易爆的场所。

目前消防工程中所应用的紫外感光火灾探测器都是由紫外光敏管与驱动电路组合而成的。根据紫外光敏管两端外施电压的特性,可分为直流供电式电路与交流供电式电路两种。

紫外感光火灾探测器在使用时应注意以下事项:

(1)应避免阳光直接照射,以防止阳光中的微弱紫外光辐射造成误报警;

(2)在安装有紫外感光火灾探测器的保护区域及其邻近区域内,不能进行电焊操作;若必须进行电焊操作,则应采取相应措施,以防误动作报警;

(3)在安装紫外感光探测器的区域及其周围区域,不允许安装发射大量紫外线的碘钨灯等照明设备,以免引起误动作;

(4)在外界环境影响下,长期使用紫外光敏管可能会造成管子特性变化,形成自激现象,从而导致紫外感光火灾探测器频繁误报警,这时需更换紫外光敏管;

(5)对紫外光敏管应经常清洁,定期维修,以确保透光性良好。

2. 红外感光火灾探测器

红外感光火灾探测器是利用红外光敏元件(硫化铅、硒化铅、硅光敏元件)的光电导或光伏效应来敏感地探测低温产生的红外辐射的,红外辐射光波波长一般大于 0.76 μm。由于自然界中只要物体高于绝对零度都会产生红外辐射,所以利用红外辐射探测火灾时,一般还要考虑物质燃烧时火焰的间歇性闪烁现象,以区别于背景红外辐射。物质燃烧时火焰的闪烁频率大约在 3～30 Hz。

红外感光火灾探测器在使用时应注意以下事项:

(1)在安装红外感光火灾探测器的探头时,应避开阳光的直射及反射,也应避开强烈灯光的照射,以防止由此引起的误报警;

(2)对探头光学部分应定期清洁,当红玻璃片有灰尘或水气时,可用擦镜纸或绒布擦拭;

(3)红外感光火灾探测器的报警灵敏度,是通过电路中三极管集电极回路上的电位器来调节的,通常使电压放大级的放大倍数在 40～400 倍之间变化,可得到较为合适的灵敏度;灵敏度切不可调得太高,以免因过于灵敏而出现误报警。

2.2.4　JTG-ZW-G1 型点型紫外火焰探测器

1. 特点

JTG-ZW-G1 型点型紫外火焰探测器是通过探测物质燃烧所产生的紫外线来探测火灾的,适用于火灾发生时易产生明火的场所,对发生火灾时有强烈的火焰辐射或无阴燃阶段的场所均可采用本探测器。本探测器与其他探测器配合使用,能及时发现火灾,减少损失。本探测器主要有以下特点:

(1)单片机进行信号处理及与火灾报警控制器通信;

(2)采用智能算法,既可以实现快速报警,又可以降低误报率;

(3)三级灵敏度设置,适用于不同干扰程度的场所;

(4)传感器采用进口紫外光敏管,具有灵敏、可靠、抗粉尘污染、抗潮湿及抗腐蚀性气体等优点。

2. 主要技术指标

工作电压:总线为 24 V

监视电流≤2 mA

报警电流≤2.5 mA

线制:无极性信号二总线

探测角度≤800

保护面积:$S = (h \times tg\alpha)^2 \pi$,$h$ 为探测器距地面高度,$\alpha = 40°$

报警确认灯:红色,巡检时闪烁,报警时常亮

使用环境:温度为 -20～55 ℃,相对湿度≤95%,不结露

编码方式:十进制电子编码

外形尺寸:直径为 103 mm,高为 53.5 mm(带底座)

3. 不宜使用本探测器的场所

可能发生无焰火灾的场所

在火焰出现前有浓烟扩散的场所

探测器的“视线”易被遮挡的场所

探测器易受阳光或其他光源直接或间接照射的场所

现场有较强紫外线光源,如卤钨灯等的场所

在正常情况下有明火、电焊作业以及 X 射线、弧光、火花等影响的场所

4.结构特征、安装与布线

探测器的外形结构示意图如图 2-18 所示。

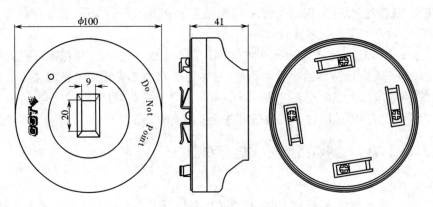

图 2-18　点型紫外火焰探测器外形结构示意图

2.2.5　可燃气体探测器

可燃气体探测器目前主要用于宾馆厨房或燃料气储备间、汽车库、压气机站、过滤车间、溶剂库、炼油厂、燃油电厂等存在可燃气体的场所。用于建筑火灾的烟气体的探测尚未普及,国外有应用报道,国内也有相应的产品报道。

1.可燃气体探测原理

可燃气体的探测原理,按照使用的气敏元件或传感器的不同分为热催化原理、热导原理、气敏原理和三端电化学原理等四种。热催化原理是指利用可燃气体在有足够氧气和一定高温条件下,发生在铂丝催化元件表面的无烟燃烧,放出热量并引起铂丝元件电阻的变化,从而达到可燃气体浓度探测的目的。热导原理是利用被测气体与纯净空气导热性的差异和在金属氧化物表面燃烧的特性,将被测气体浓度转换成热丝温度或电阻的变化,达到测定气体浓度的目的。气敏原理是利用灵敏度较高的气敏半导体元件吸附可燃气体后电阻变化的特性来达到测量和探测目的。三端电化学原理是利用恒电位电解法,在电解池内安置三个电极并施加一定的极化电压,以透气薄膜将电解池同外部隔开,被测气体透过此薄膜达到工作电极,发生氧化还原反应,从而使得传感器产生与气体浓度成正比的输出电流,达到探测目的。

采用热催化原理和热导原理测量可燃气体时,不具有气体选择性,超常以体积百分浓度表示气体浓度。采用气敏原理和三端电化学原理测量可燃气体时,具有气体选择性,适用于气体成分检测和低浓度测量,通常以 ppm 表示气体浓度。

可燃气体探测器一般只有点型结构形式,其传感器输出信号的处理方式多采用阈值比较方式。在实际应用中,一般多采用微功耗热催化元件实现可燃气体浓度检测,采用三端电化学元件实现可燃气体成分和有害气体成分检测。

2.可燃气体探测器使用时应注意的问题

(1)安装位置应当根据待探测的可燃气体性质来确定,若被探测气体为天然气、煤气等较空气轻,极易于飘浮上升,应将可燃气体探测器安装在设备上方或天花板附近;若被探测气体为液化石油气等较空气重,则应安装在距地面不超过 50 cm 的低处;

(2)可燃气体探测器处于长期通电工作状态,应当每月检查一次。现场检查方法是用棉

球蘸一点酒精靠近气敏元件,如给出报警(显示),表明工作正常;

(3)催化元件对多种可燃气体几乎有相同的敏感性,所以,在有混合气体存在的场所,它不能作为分辨混合气体组分的敏感元件来使用;

(4)可燃气体敏感元件的理化特性研究表明,硫化物可使元件特性发生变化,且又不能恢复,出现所谓"中毒"现象,所以可燃气体敏感元件需防"中毒",并且避免直接油浸或油垢污染,也不能在有酸、碱腐蚀性气体中长期使用。

2.2.6　GST-BT(R)001M 型点型可燃气体探测器

1. 特点

GST-BT(R)001M 点型可燃气体探测器采用半导体气敏元件,工作稳定,采用吸顶与底座旋接安装方式,安装简单,接线方便,用于家庭、宾馆、公寓等存在可燃气体的场所进行安全监控。该系列探测器品种齐全,可以检测天然气(T)、人工煤气(R)。采用 DC24V 供电。可提供一对有源触点用于直接控制煤气管道电磁阀。

2. 主要技术指标

检测元件:半导体自然扩散式

工作电压:DC24V,允许范围 DC12V ~ DC28V

功耗:GST-BT001M:正常监视≤0.8 W,报警状态≤3 W

GST-BR001M:正常监视≤1.5 W,报警状态≤4 W

报警浓度:天然气(BT 系列)为 5000×10^{-6}(10% LEL)

人工煤气(BR 系列)为 400×10^{-6}(1% LEL)

预热时间:3 ~ 6 分钟

报警方式:红色指示灯紧急闪烁,并伴有间歇蜂鸣声

有源触点:适用于 DC12V 单向直流脉冲电磁阀,电磁阀驱动能力为 1 000 μF 电容放电

使用环境:温度为 – 10 ~ 50 ℃,相对湿度≤95%,不结露

编码方式:十进制电子编码

外形尺寸:直径为 108 mm,高为 55 mm

3. 结构特征、安装与布线

GST-BT(R)001M 点型可燃气体探测器由两部分构成:探测器及底座,示意图如图 2-19 所示。

安装与接线:

首先将探测器底座固定在 86H50 预埋盒上,然后根据接线端子说明,将引线固定到底座上,再将探测器安装到底座上,其安装示意图如图 2-20 所示,对外接线端子示意图如图 2-21 所示。图中 D1、D2 为接电源总线,无极性;Z1、Z2 为接信号总线,无极性;V + 、V – 为接管道电磁阀,探测器连续报警 3 ~ 7 s 后,V + 、V – 之间输出一个正向 12 V 脉冲。

布线要求:信号线 Z1、Z2 及 V + 、V – 可选用截面积≥1.0 mm^2 的阻燃 RVS 型铜芯线;电源线 D1、D2 应选用截面积≥2.5 mm^2 的阻燃 BV 型线。

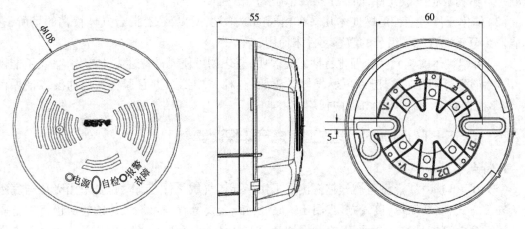

图 2-19　可燃气体探测器外形结构示意图

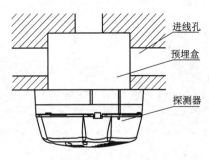

图 2-20　可燃气体探测器安装示意图

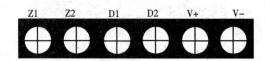

图 2-21　可燃气体探测器对外接线端子示意图

2.2.7　JTF-GOM-GST601 型点型复合式火灾探测器

1. 特点

复合探测技术是目前国际上流行的新型多功能高可靠性的火灾探测技术。JTF-GOM-GST601 点型复合式感烟感温火灾探测器(以下简称探测器)是由烟雾传感器件和半导体温度传感器件从工艺结构和电路结构上共同构成的多元复合探测器。它不仅具有普通散射型光电感烟火灾探测器的性能,而且兼有定温、差定温感温火灾探测器的性能。正是由于感烟与感温的复合技术,使得该款复合探测器能够对国家标准试验火 SH3(聚氨酯塑料火)和 SH4(正庚烷火)的燃烧进行探测和报警。同时该款探测器也能对酒精燃烧等有明显温升的明火探测报警,扩大了光电感烟探测器的应用范围。

本探测器为无极性信号二总线制,可接入海湾公司生产的各类火灾报警控制器的报警总线。而且本探测器与海湾公司生产的其他探测器完全兼容,可混合安装在同一总线上。

2. 主要技术指标

(1)探测器类别:A2R

(2)工作电压:总线为 24 V

(3)监视电流≤0.6 mA

(4)报警电流≤1.8 mA

（5）报警确认灯：红色，巡检时闪烁，报警时常亮

（6）使用环境：温度为 –10～50 ℃，相对湿度≤95%，不结露

（7）编码方式：十进制电子编码

（8）外壳防护等级：IP22

（9）外形尺寸：直径为 100 mm，高为 56 mm（带底座）

3. 保护面积

建议参考点型感烟火灾探测器和点型感温火灾探测器的设置要求，具体参数应以《火灾自动报警系统设计规范》（GB 50116）为准。

4. 结构特征、安装与布线

探测器的外形结构示意图如图 2-22 所示。

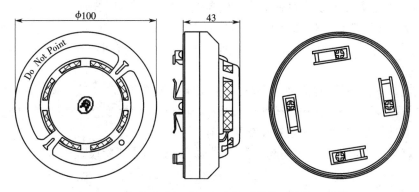

图 2-22 复合式感烟感温火灾探测器外形结构示意图

本探测器的安装及布线与 JTY-GD-G3 型点型光电感烟火灾探测器相同。

2.3 探测器的选择

火灾探测器的选用和设置，是构成火灾自动报警系统的重要环节，直接影响火灾探测器性能的发挥和火灾自动报警系统的整体特性。关于火灾探测器的选用和设置，必须按照国家标准《火灾自动报警系统设计规范》GB 50116—2013 和《火灾自动报警系统施工及验收规范》GB 50166—2007 等有关要求和规定执行。

火灾探测器的一般选用原则是：充分考虑火灾形成规律与火灾探测器选用的关系，根据火灾探测区域内可能发生的初期火灾的形成和发展特点、房间高度、环境条件和可能引起误报的各种因素等，综合确定火灾探测器的类型与性能要求。

2.3.1 火灾探测器选择的一般原则

1. 对火灾初期有阴燃阶段，产生大量的烟和少量的热，很少或没有火焰辐射的场所，应选择感烟火灾探测器。

2. 对火灾发展迅速，可产生大量热、烟和火焰辐射的场所，可选择感温火灾探测器、感烟火灾探测器、火焰探测器或其组合。

3. 对火灾发展迅速，有强烈的火焰辐射和少量烟、热的场所，应选择火焰探测器。

4.对火灾初期有阴燃阶段,且需要早期探测的场所,宜增设一氧化碳火灾探测器。

5.对使用、生产可燃气体或可燃蒸气的场所,应选择可燃气体探测器。

6.应根据保护场所可能发生火灾的部位和燃烧材料的分析,以及火灾探测器的类型、灵敏度和响应时间等选择相应的火灾探测器,对火灾形成特征不可预料的场所,可根据模拟试验的结果选择火灾探测器。

7.同一探测区域内设置多个火灾探测器时,可选择具有复合判断火灾功能的火灾探测器和火灾报警控制器。

2.3.2　火灾形成和发展过程

火灾从本质上来讲是一种特定的物质燃烧过程,它遵循物质燃烧的基本规律,是能量转换的物理、化学过程。在物质燃烧过程中将产生燃烧气体、烟雾、热、光等。

物质燃烧产生的燃烧气体和烟雾,漂浮在空气中,有极强的流动性。如建筑物发生火灾时,燃烧气体和烟雾会进入建筑物内任何空间,从而形成缺氧、有毒气体等,对人的生命构成极大的威胁。

物质燃烧时,由于能量的转化,将释放热量,使环境温度升高。在缓慢燃烧阶段,温升不太显著;当物质着火后,由于火焰的热辐射和燃烧气流的对流加热效应,环境温度迅速上升,火焰的辐射除可见光外,还有大量的红外及紫外辐射。

物质的燃烧过程通常可分为初起阶段、阴燃阶段、火焰放热阶段及衰减阶段等,如图 2-23 所示。

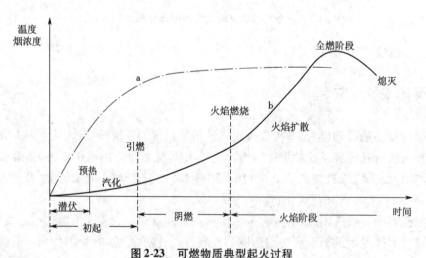

图 2-23　可燃物质典型起火过程

a—烟雾气溶胶浓度与时间关系;b—热气流温度与时间的关系

(1)初起阶段　这一阶段由于物质燃烧开始的预热和气化作用,主要产生燃烧气体和不可见的气溶胶粒子。没有可见的烟雾和火焰,热量也相当少。环境温升不易鉴别出来,而这些燃烧气体和气溶胶粒子,通过布朗运动、扩散、燃烧产物的浮力以及背景的空气运动,引起微弱的对流。在此阶段,火情仅局限于火源所在部位的一个很小的有限范围内,探测火情早期报警,应从此阶段就开始进行,探测对象是燃烧气体和气溶胶粒子。

(2)阴燃阶段　此阶段以阴燃为起始标志,此时热解作用充分发展,产生大量的肉眼可见和不可见的烟雾,烟雾粒子通过程度逐渐增大的对流运动和背景的空气运动向四周扩散,充满建筑物的内部空间。但此阶段仍没有产生火焰,热量也较少,环境温度并不高,火情尚未达到蔓延发展的程度。此阶段仍是探测火情实现早期报警的重要阶段,探测对象是烟雾粒子。

（3）火焰发热阶段　这是物质燃烧的快速反应阶段,从着火（火焰初起）开始到燃烧充分发展成全然阶段。由于物质内能的快速释放和转化,以火焰热辐射的形式呈球形波地向外传播热量,再加上强烈的对流运动,环境温度迅速上升,同时火情得以逐步蔓延扩散,而且蔓延的速度越来越快,范围越来越大。

（4）衰减阶段　这是物质经全面着火燃烧后逐步衰减至熄灭的阶段。

在大多数情况下,火灾发生和发展过程中前两个阶段的时间较长。在这段时间内,虽然产生了大量的燃烧气体和烟雾,但由于尚未着火,环境温度并不高,所以火情没有蔓延扩散,如果能及时探测到火情,实现早期报警,就可把火灾损失控制在最低程度,并保证人员不遭受伤亡。

有些火灾过程早期阶段和阴燃阶段不明显,骤然产生大量的热,在此情况下,及时报警的探测对象主要是热（温升）。又有些火灾过程一开始就着火爆燃,无早期阶段和阴燃阶段,在此情况下,及时报警的探测对象主要是光（火焰）。

2.3.3　点型火灾探测器的选择

（1）对不同高度的房间,可按表 2-1 选择点型火灾探测器。

表 2-1　对不同高度的房间点型火灾探测器的选择

房间高度 h/m	点型感烟 火灾探测器	点型感温火灾探测器			火焰 探测器
		A1、A2	B	C、D、E、F、G	
$12 < h \leqslant 20$	不适合	不适合	不适合	不适合	适合
$8 < h < 12$	适合	不适合	不适合	不适合	适合
$6 < h < 8$	适合	适合	不适合	不适合	适合
$4 < h < 6$	适合	适合	适合	不适合	适合
$h \leqslant 4$	适合	适合	适合	适合	适合

注:表中 A1、A2、B、C、D、E、F、G 为点型感温探测器的不同类型,其具体参数应符合表 2-2 的规定。

（2）下列场所宜选择点型感烟火灾探测器

饭店、藏馆、教学楼、办公楼的厅堂、卧室、办公室、商场、列车载客车厢等;计算机房、通信机房、电影或电视放映室等;楼梯、走道、电梯机房、车库等;书库、档案库等。

由于汽车尾气排放要求的提高,以及车库自身环境及通风情况的改善,感烟探测器平时在这些场所不会出现误报,可以采用感烟探测器。如果车库的环境恶劣（如半敞开车库）,选用感烟探测器会产生误报时,还是会选用感温探测器。

（3）符合下列条件之一的场所不宜选择点型离子感烟火灾探测器

相对湿度经常大于 95%;2 气流速度大于 5 m/s;有大量粉尘、水雾滞留;可能产生腐蚀性气体;在正常情况下有烟滞留;产生醇类、醚类、酮类等有机物质。

（4）符合下列条件之一的场所不宜选择点型光电感烟火灾探测器

有大量粉尘、水雾滞留；可能产生蒸汽和油雾；高海拔地区；在正常情况下有烟滞留。

（5）符合下列条件之一的场所宜选择点型感温火灾探测器

应根据使用场所的典型应用温度和最高应用温度选择适当类别的感温火灾探测器，其分类如表2-2所示。

表2-2　点型感温火灾探测器分类

探测器类别	典型应用温度/℃	最高应用温度/℃	动作温度下限值/℃	动作温度上限值/℃
A1	25	50	54	65
A2	25	50	54	70
B	40	65	69	85
C	55	80	84	100
D	70	95	99	115
E	85	110	114	130
F	100	125	129	145
G	115	140	144	160

相对湿度经常大于95%；可能发生无烟火灾；有大量粉尘；吸烟室等在正常情况下有烟或蒸汽滞留的场所；厨房、锅炉房、发电机房、烘干车间等不宜安装感烟火灾探测器的场所；需要联动熄灭"安全出口"标志灯的安全出口内侧；其他无人滞留且不适合安装感烟火灾探测器，但发生火灾时需要及时报警的场所。

（6）可能产生阴燃火或发生火灾不及时报警将造成重大损失的场所，不宜选择点型感温火灾探测器；温度在0℃以下的场所，不宜选择定温探测器；温度变化较大的场所，不宜选择具有差温特性的探测器。

（5）（6）条列出了宜选择和不宜选择点型感温火灾探测器的场所。一般来说，感温火灾探测器对火灾的探测不如感烟火灾探测器灵敏，它们对阴燃火不可能响应，只有当火焰达到一定程度时，感温火灾探测器才能响应。因此感温火灾探测器不适宜保护可能由小火造成不能允许损失的场所；现行的感温火灾探测器产品国家标准根据感温火灾探测器的使用环境温度确定感温探测器的响应时间，0 ℃以下场所，不适合使用定温感温火灾探测器；现行国家标准规定具有差温响应性能的感温火灾探测器为R型感温火灾探测器，不适合使用在温度变化较大的场所。

我们在绝大多数场所使用的火灾探测器都是普通的点型感烟火灾探测器。这是因为在一般情况下，火灾发生初期均有大量的烟产生，最普遍使用的点型感烟火灾探测器都能及时探测到火灾，报警后都有足够的疏散时间。虽然有些火灾探测器可能比普通的点型感烟火灾探测器更早发现火灾，但由于点型感烟火灾探测器在一般场所完全能满足及时报警的需求，加上其性能稳定、物美价廉、维护方便等因素，使其理所当然地成为应用最广泛的火灾探测器。一般情况下说的早期火灾探测，都是指感烟火灾探测器对火灾的探测。

感温火灾探测器根据其用法不同,其报警信号的含义也不同。当感温火灾探测器直接用于探测物体温度变化,如堆垛内部温度变化、电缆温度变化等情况时,其报警信号会比感烟火灾探测器早很多,此时的报警信号的含义更多的成分是预警,并不表示已发展到火灾阶段,只是提醒有引发火灾的可能。这种情况下感温火灾探测器的作用与探测由于真正发生火灾后而引起空间温度变化的感温探测器的作用有着本质的区别。在火灾发展过程中的温度参数和火焰参数通常被用于表示火灾发展的程度,就是说火灾发生后,探测空间温度的感温火灾探测器动作表明火灾已经发展到应该启功自动灭火设施的程度了,所以点型感温火灾探测器经常用于确认火灾,并联动自动灭火系统。

(7)符合下列条件之一的场所宜选择点型火焰探测器或图像型火焰探测器

火灾时有强烈的火焰辐射;可能发生液体燃烧等无阴燃阶段的火灾;需要对火焰做出快速反应的场所。

(8)符合下列条件之一的场所不宜选择点型火焰探测器和图像型火焰探测器

在火焰出现前有浓烟扩散;探测器的镜头易被污染;探测器的"视线"易被油雾、烟雾,水雾和冰雪遮挡;探测区域内的可燃物是金属和无机物;探测器易受阳光、白炽灯等光源直接或间接照射。

(9)探测区域内正常情况下有高温物体的场所,不宜选择单波段红外火焰探测器

正常情况下有明火作业,探测器易受 X 射线、弧光和闪电等影响的场所,不宜选择紫外火焰探测器。

(10)下列场所宜选择可燃气体探测器

使用可燃气体的场所;燃气站和燃气表房以及存储液化石油气罐的场所;其他散发可燃气体和可燃蒸气的场所。

(11)在火灾初期产生一氧化碳的下列场所可选择点型一氧化碳火灾探测器

烟不容易对流或顶棚下方有热屏障的场所;在棚顶上无法安装其他点型火灾探测器的场所;需要多信号复合报警的场所。

(12)污物较多且必须安装感烟火灾探测器的场所,应选择间断吸气的点型采样吸气式感烟火灾探测器或具有过滤网和管路自清洗功能的管路采样吸气式感烟火灾探测器。

2.4　火灾探测器的设置

2.4.1　报警区域和探测区域的划分

要确定火灾探测器的布置数量和方式,首先要弄清楚报警区域和探测区域的概念。

1. 报警区域

报警区域是指将火灾自动报警系统的警戒范围按防火分区或楼层等划分的单元。

通过报警区域把建筑的防火分区同火灾自动报警系统有机地联系起来。报警区域的划分主要是为了迅速确定报警及火灾部位,并解决消防系统的联动设计问题。发生火灾时,发生火灾的防火分区及相邻的防火分区的消防设备需要联动协调工作。在火灾自动报警系统设计中,首要就是要正确地划分报警区域,确定相应的报警系统,才能使报警系统及时、准确地报出火灾发生的具体部位,就近采取措施扑灭火灾。报警区域的划分应以防火分区为基础。按常

规,每个报警区域应设置一台区域报警控制器或区域显示盘,报警区域一般不得跨越楼层,因此除了高层公寓和塔楼式住宅,一台区域报警控制器所警戒的范围一般也不得跨越楼层。报警区域划分的要求:

(1)可将一个防火分区或一个楼层划分为一个报警区域,也可将发生火灾时需要同时联动消防设备的相邻几个防火分区或楼层划分为一个报警区域;

(2)电缆隧道的一个报警区域宜由一个封闭长度区间组成,一个报警区域不应超过相连的 3 个封闭长度区间;

(3)道路隧道的报警区域应根据排烟系统或灭火系统的联动需要确定,且不宜超过 150 m;

(4)甲、乙、丙类液体储罐区的报警区域应由一个储罐区组成,每个 50 000 m³ 及以上的外浮顶储罐应单独划分为一个报警区域;

(5)列车的报警区域应按车厢划分,每节车厢应划分为一个报警区域。

2. 探测区域

探测区域是指将报警区域按探测火灾的部位划分的单元。

每一个探测区域对应在火灾报警控制器(或楼层显示盘)上显示一个部位号,这样才能迅速而准确地探测出火灾报警的具体部位,因此在被保护的报警区域内应按顺序划分探测区域。

探测区域是火灾自动报警系统的最小单元,代表了火灾报警的具体部位。它能帮助值班人员及时、准确地到达火灾现场,采取有效措施,扑灭火灾,因此在火灾自动报警系统设计时,必须严格按规范要求,正确划分探测区域。探测区域划分的要求:

(1)探测区域应按独立房(套)间划分。一个探测区域的面积不宜超过 500 m²;从主要入口能看清其内部,且面积不超过 1 000 m² 的房间,也可划为一个探测区域;

(2)红外光束感烟火灾探测器和缆式线型感温火灾探测器的探测区域的长度,不宜超过 100 m;

(3)空气管差温火灾探测器的探测区域长度宜为 20 ~ 100 m;

(4)应单独划分的探测区域

敞开或封闭楼梯间、防烟楼梯间,属于与疏散直接相关的场所;

防烟楼梯间前室、消防电梯前室、消防电梯与防烟楼梯间合用的前室、走道、坡道,属于与疏散直接相关的场所;

电气管道井、通信管道井、电缆隧道,属于隐蔽部位;

建筑物闷顶、夹层,属于隐蔽部位。

2.4.2 点型火灾探测器的设置数量

在实际设计过程中,房间大小及探测区大小不一,房间高度、顶棚坡度也各异,那么怎样确定探测器的数量呢? 规范规定:探测区域内每个房间应至少设置一个火灾探测器。这里提到的"每个房间"是指一个探测区域中可相对独立的房间,包括火车卧铺车厢的封闭空间等类似场所,即使该房间面积比一个探测器的保护面积小得多,也应设置一个探测器保护。而一个探测区域内应设置的探测器数量 N,可由下式计算决定

$$N \geqslant \frac{S}{K \cdot A}$$

(2-1)

式中　N——应设置的探测器数量(只),取整数;

　　　S——探测区域面积,m^2;

　　　A——探测器的保护面积,m^2;

　　　K——修正系数,容纳人数超过 10 000 人的公共场所宜取 0.7~0.8;容纳人数为 2 000~

　　　　　10 000 人的公共场所宜取 0.8~0.9;容纳人数为 500~2 000 人的公共场所宜取

　　　　　0.9~1.0,其他场所可取 1.0。

1. 探测器的保护面积和保护半径

确定建筑中设置点型火灾探测器的数量,首先要确定探测器的保护面积和保护半径。探测器的保护面积是指一只火灾探测器能有效探测的面积。保护半径是指一只火灾探测器能有效探测的单向最大水平距离。对于一个探测器而言,其保护面积和保护半径的大小与其探测器的类型、探测区域的面积、房间高度及屋顶坡度都有关系,具体数值如表 2-4。

表 2-4　点型火灾探测器的保护面积 A 和保护半径 R

火灾探测器种类	地面面积 S/m^2	房间高度 H/m	探测器的保护面积 A 和保护半径 R					
			屋顶坡度 θ					
			$\theta \leqslant 15°$		$15° < \theta \leqslant 30°$		$\theta > 30°$	
			A/m^2	R/m	A/m^2	R/m	A/m^2	R/m
感烟探测器	$\leqslant 80$	$\leqslant 12$	80	6.7	80	7.2	80	8.0
	$S > 80$	$6 < H \leqslant 12$	80	6.7	100	8.0	120	9.9
		$H \leqslant 6$	60	5.8	80	7.0	100	9.0
感温探测器	$\leqslant 30$	$\leqslant 8$	30	4.4	30	4.9	30	5.5
	> 30	$\leqslant 8$	20	3.6	30	4.9	40	6.3

表 2-4 说明:

(1)当火灾探测器装于不同坡度的顶棚上时,随着顶棚坡度的增大,烟雾沿斜顶和屋脊聚集,使安装在屋脊(或靠近屋脊)的探测器感受烟或感受热气流的机会增加,因此火灾探测器的保护半径也相应地加大。

(2)当火灾探测器监测的地面向积 $S > 80$ m^2 时,安装在其顶棚上的感烟探测器受其他环境条件的影响较小。房间越高,火源同顶棚之间的距离越大,则烟均匀扩散的区域越大,对烟的容量也越大,人员疏散时间就越有保证,因此随着房间高度增加,火灾探测器保护的地面面积也增大。

(3)感烟火灾探测器对各种不同类型的火灾的敏感程度有所不同,因而难以规定感烟火灾探测器灵敏度等级与房间高度的对应关系。但考虑到火灾初期房间越高烟雾越稀薄的情况,当房间高度增加时,可将火灾探测器的感烟灵敏度档次(等级)调高。

房间高度的规定:

房间高度 H 是指探测器安装位置(点)距该保护区域(层)地面的高度。若安装面(房间顶面)不是水平的(为斜面或曲面顶),则安装高度 H 取中值计算,如图 2-25 所示。

$$H = \frac{H_{\max} + h_{\min}}{2} \tag{2-2}$$

式中 $H_{\max}$——安装面最高部位高度；

$h_{\min}$——安装面最低部位高度。

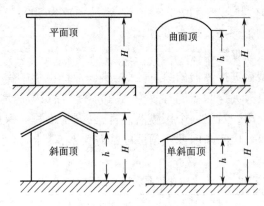

图 2-25 安装高度的计算图

建筑高度不超过 14 m 的封闭探测空间,且火灾初期会产生大量烟时,可设置点型感烟火灾探测器。

2. 火灾探测器的安装间距

探测器的安装间距是指两只相邻火灾探测器中心之间的水平距离。当探测区域(面积)为矩形时,则 a 为横向安装间距,b 为纵向安装间距,如图 2-26 所示。

从图 2-26 可以看出安装间距 a,b 的实际意义。以图中 1#探测器为例,安装间距是指 1#探测器与 2#,3#,4#和 5#相邻探测器之间的距离,而不是 1#探测器与 6#,7#,8#,9#探测器之间的距离。显然,只有当探测区域内探测器按正方形布置时,才有 $a = b$。

从图 2-26 还可以看出,探测器保护面积 A,保护半径 R 与安装间距 a,b 具有下列近似关系

$$R \geqslant \sqrt{\left(\frac{a}{2}\right)^2 + \left(\frac{b}{2}\right)^2} = r \tag{2-3}$$

$$A \geqslant a \cdot b \tag{2-4}$$

$$D = 2R \tag{2-5}$$

在工程设计中,为了尽快地确定某个探测区域内火灾探测器的安装间距 a 和 b,经常利用"安装间距 a,b 的极限曲线",如图 2-27。事实上,a,b 的极限曲线就是按照方程(2-3)至方程(2-5)绘出的。应用这一曲线,可以按照选定的火灾探测器的保护面积 A 和保护半径 R 立即确定出安装间距 a 和 b。

有时我们也简称"安装间距 a,b 的极限曲线"为"D_i 极限曲线",D_i 有时也称为保护直径。应当说明,在图 2-27 所示的 D_i 极限曲线中:

(1)极限曲线 $D_1 \sim D_4$ 和 D_6 适宜于保护面积 $A = 20$ m²,30 m²,40 m² 及其保护半径 $R = 3.6$ m,4.4 m,4.9 m,5.5 m 和 6.3 m 的感温火灾探测器。

(2)极限曲线 D_5 和 $D_7 \sim D_{11}$(含 D'_9)适宜于保护面积 $A = 60$ m²,80 m²,100 m²,120 m² 及其保护半径 $R = 5.8$ m,6.7 m,7.2 m,8.0 m,9.0 m 和 9.9 m 的感烟火灾探测器。

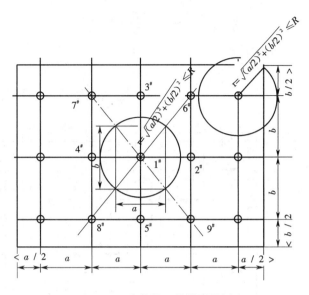

图 2-26　安装间距的说明图例

（3）各条 D_i 极限曲线端点 Y_i 和 Z_i，坐标值 (a_i, b_i)，即安装间距 a, b 的极限值，如表 2-5 所示。

表 2-5　D_i—极限曲线端点坐标值

极限曲线 D_i	$Y_i(a_i \cdot b_i)$ 点	$Z_i(a_i \cdot b_i)$ 点	极限曲线 D_i	$Y_i(a_i \cdot b_i)$ 点	$Z_i(a_i \cdot b_i)$ 点
D_1	$Y_1(3.1 \cdot 6.5)$	$Z_1(6.5 \cdot 3.1)$	D_7	$Y_7(7.0 \cdot 11.4)$	$Z_7(11.4 \cdot 7.0)$
D_2	$Y_2(3.3 \cdot 7.9)$	$Z_2(7.9 \cdot 3.3)$	D_8	$Y_8(6.1 \cdot 13.0)$	$Z_8(13.0 \cdot 6.1)$
D_3	$Y_3(3.2 \cdot 9.2)$	$Z_3(9.2 \cdot 3.2)$	D_9	$Y_9(5.3 \cdot 15.1)$	$Z_9(15.1 \cdot 5.3)$
D_4	$Y_4(2.8 \cdot 10.6)$	$Z_4(10.6 \cdot 2.3)$	D'_9	$Y'_9(6.9 \cdot 14.4)$	$Z'_9(14.4 \cdot 6.9)$
D_5	$Y_5(6.1 \cdot 9.9)$	$Z_5(9.9 \cdot 6.1)$	D_{10}	$Y_{10}(5.9 \cdot 17.0)$	$Z_{10}(17.0 \cdot 5.9)$
D_6	$Y_6(3.3 \cdot 12.2)$	$Z_4(12.2 \cdot 3.3)$	D_{11}	$Y_{11}(6.4 \cdot 18.7)$	$Z_{11}(18.7 \cdot 6.4)$

3. 实例

为说明探测器平面布置的作法，以下例说明。

某玩具装配车间，长 30 m，宽 40 m，高 7 m，平顶，用感烟探测器保护，试问需多少探测器？平面图上如何布置？

解　（1）确定感烟探测器的保护面积 A 和保护半径 R。

因保护区域面积 $= 30 \times 40 = 1\,200\ \text{m}^2$；房间高度 $h = 7$ m，即 $6\ \text{m} < h \leq 12$ m；顶棚坡度 $\theta = 0°$，即 $\theta \leq 15°$。

查表 2-4 可得感烟探测器

保护面积　$A = 80\ \text{m}^2$

保护半径　$R = 6.7$ m

（2）计算所需探测器数 N

根据建筑设计防火规范，该装配车间属非重点保护建筑，取 $K = 1.0$。由式（2-1）有

$$N \geqslant \frac{S}{K \cdot A} = \frac{1\,200}{1.0 \times 80} = 15（只）$$

（3）确定探测器安装间距 a、b

①查极限曲线 D

由式（2-5），$D = 2R = 2 \times 6.7 = 13.4$ m，$A = 80$ m^2。查图 2-27 得极限曲线为 D_7。

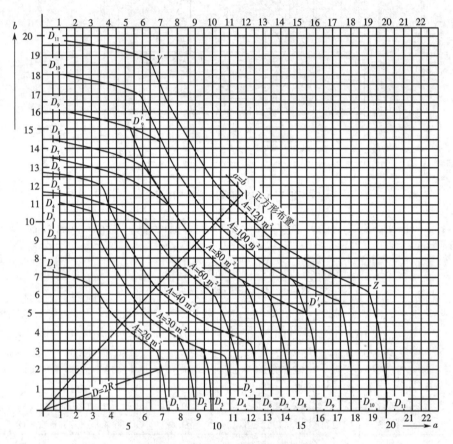

图 2-27　安装间距 a，b 的极限曲线

A—探测器的保护面积，m^2；a，b—探测器的安装间距，m；

在 Y 和 Z 两点间的曲线范围内，保护面积可得到充分利用

②确定 a、b

认定 $a = 8$ m，对应 D_7 查得 $b = 10$ m。

（4）由平面图按 a、b 值布置 15 只探测器，如图 2-28 所示。

（5）校核

由式（2-3）得

$$r = \sqrt{\left(\frac{a}{2}\right)^2 + \left(\frac{b}{2}\right)^2} = \sqrt{\left(\frac{8}{2}\right)^2 + \left(\frac{10}{2}\right)^2} = 6.4 \text{ m}$$

即 6.7 m $= R > r = 6.4$ m，满足保护半径 R 的要求。

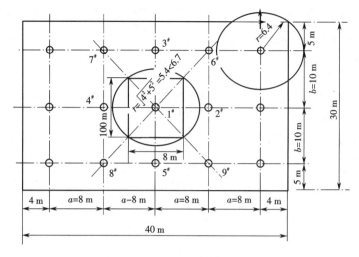

图 2-28　探测器布置图

2.4.3　点型火灾探测器的设置要求

在消防工程设计施工中,针对不同的建筑构造,对火灾探测器的安装要求是不相同的。主要安装规则如下。

1. 房间顶棚有梁的情况

由于梁对烟的蔓延会产生阻碍,因而使火灾探测器的保护面积受到影响。如果梁间区域的面积较小,梁对热气流(或烟气流)形成障碍,并吸收一部分热量,因而火灾探测器的保护面积必然下降。为补偿这一影响,工程中是按梁的高度情况加以考虑的。

(1)当梁突出顶棚的高度小于 200 mm 时,在顶棚上设置感烟、感温火灾探测器,可以忽略梁对火灾探测器保护面积的影响;

(2)当梁突出顶棚高度在 200~600 mm 时,设置的感烟、感温火灾探测器应按图 2-29 和表 2-6 来确定梁的影响和一只火灾探测器能够保护的梁间区域的个数("梁间区域"指的是高度在 200~600 mm 之间的梁所包围的区域);

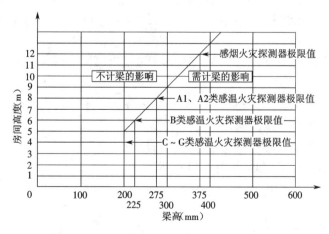

图 2-29　不同高度的房间梁对探测器设置的影响

表 2-6　按梁间区域面积确定一只火灾探测器能够保护的梁间区域的个数

探测器的保护面积/m²	梁隔断的梁间区域面积 Q/m²		一只探测器保护的梁间区域的个数
感温探测器	20	$Q > 12$	1
		$8 < Q \leqslant 12$	2
		$6 < Q \leqslant 8$	3
		$4 < Q \leqslant 6$	4
		$Q \leqslant 4$	5
	30	$Q > 18$	1
		$12 < Q \leqslant 18$	2
		$9 < Q \leqslant 12$	3
		$8 < Q \leqslant 9$	4
		$Q \leqslant 6$	5
感烟探测器	60	$Q > 36$	1
		$24 < Q \leqslant 36$	2
		$18 < Q \leqslant 24$	3
		$12 < Q \leqslant 18$	4
		$Q \leqslant 12$	5
	80	$Q > 48$	1
		$32 < Q \leqslant 48$	2

（3）当梁突出顶棚高度超过 600 mm 时，则被其隔开的部分需单独划为一个探测区域；

（4）当梁间净距离小于 1 m 时，可视为平顶棚。

2. 在宽度小于 3 m 的内走道的顶棚设置探测器时应居中布置。感温探测器的安装间距不应超过 10 m，感烟探测器安装间距不应超过 15 m。探测器至端墙的距离，不应大于探测器安装间距的一半，建议在走道的交叉和汇合区域上，安装 1 只探测器。

3. 点型探测器至墙壁、梁边的水平距离，不应小于 0.5 m。点型探测器周围 0.5 m 内，不应有遮挡物。

4. 房间被书架、贮藏架或设备等阻断分隔，其顶部至顶棚或梁的距离小于房间净高的 5% 时，则每个被隔开的部分至少安装一只探测器。

5. 在空调机房内，探测器应安装在离送风口 1.5 m 以上的地方，离多孔送风顶棚孔口的距离不应小于 0.5 m。

6. 当屋顶有热屏障时，点型感烟火灾探测器下表面至顶棚或屋顶的距离，应符合表 2-7 的规定。

7. 锯齿形屋顶和坡度大于 15°的人字形屋顶，应在每个屋脊处设置一排点型探测器，探测器下表面至屋顶最高处的距离。应符合表 2-7 的规定。

8. 探测器宜水平安装，如需倾斜安装时，倾斜角不应大于 45°，当屋顶坡度 θ 大于 45°时，应加木台或类似方法安装探测器，如图 2-30 所示。

表 2-7 点型感烟火灾探测器下表面至顶棚或屋顶的距离

探测器是安装高度 h/m	点型感烟火灾探测器下表面至顶棚或屋顶的距离 d/mm					
	顶棚或屋顶坡度 θ					
	$\theta \leqslant 15°$		$15° < \theta \leqslant 30°$		$\theta > 30°$	
	最小	最大	最小	最大	最小	最大
$h \leqslant 6$	30	200	200	300	300	500
$6 < h \leqslant 8$	70	250	250	400	400	600
$8 < h \leqslant 10$	100	300	300	500	500	700
$10 < h \leqslant 12$	150	350	350	600	600	800

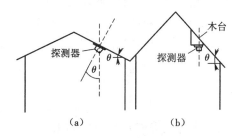

图 2-30 探测器的安装角度

（a）$\theta < 45°$ 时；

（b）$\theta > 45°$ 时（θ 为屋顶的法线与垂直方向的交角）

9. 在电梯井、升降机井设置探测器时,未按每层封闭的管道井(竖井)等处,其位置宜在井道上方的机房顶棚上。

思 考 题

1. 火灾的形成过程可分为几个阶段,各有什么特点?

2. 火灾探测器分为几种?

3. 什么叫灵敏度? 什么叫感烟(温)探测器的灵敏度?

4. 选择探测器主要应考虑哪些方面的要求?

5. 报警区域、探测区域的定义和区别。

6. 布置探测器时应考虑哪些方面的问题?

7. 已知某计算机房,房间高度为 8 m,地面面积为 15 m×20 m,房顶坡度为18°,非重点保护建筑。试求:(1)确定探测器种类;(2)确定探测器的数量;(3)布置探测器。

8. 已知某锅炉房,房间高度为 4 m、地面面积为 10 m×20 m,房顶坡度为10°,属于非重点保护建筑。试求:(1)确定探测器的类型;(2)确定探测器的数量;(3)布置探测器。

第3章 火灾自动报警系统

3.1 火灾自动报警系统的组成、工作原理

通过第一章绪论中的介绍可知,火灾自动报警系统由火灾探测报警系统、消防联动控制系统、可燃气体探测报警系统及电气火灾监控系统组成,如图1-1所示。火灾探测器是对火灾现象进行有效探测的基础与核心,火灾探测器的选用及其与火灾报警控制器的有机配合,是火灾监控系统设计的关键。火灾报警控制器是火灾信息数据处理、火灾识别、报警判断和设备控制的核心,最终通过消防联动控制设备实施对消防设备及系统的联动控制和灭火操作。因此,根据火灾报警控制器功能与结构,以及系统设计构思的不同,火灾监控系统呈现出不同的技术产品形式。

3.1.1 火灾探测报警系统

火灾探测报警系统是实现火灾早期探测并发出火灾报警信号的系统,一般由火灾触发器件(火灾探测器、手动火灾报警按钮)、声和/或光警报器、火灾报警控制器等组成。

图3-1和图3-2分别是火灾探测报警系统组成示意和实物图示。

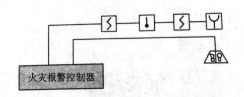

图3-1 火灾探测报警系统组成示意

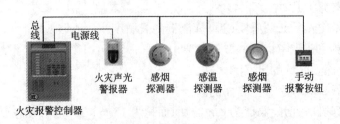

图3-2 火灾探测报警系统构成实物图示

1. 触发器件

触发器件是在火灾自动报警系统中,自动或手动产生火灾报警信号的器件,各种火灾探测器就是自动触发器件,手动报警按钮是手动发送信号、通报火警的触发器件。在火灾自动报警系统设计时,自动和手动两种触发装置应同时按照规范要求设置,尤其是手动报警可靠易行,

是系统必设功能。在前面的学习中,我们已经对各种火灾探测器进行了介绍,这里我们主要介绍手动火灾报警按钮的功能。

(1)手动报警按钮的作用和构造原理

手动火灾报警按钮是用手动方式产生火灾报警信号、启动火灾自动报警系统的器件,也是火灾自动报警系统中不可缺少的组成部分之一。

手动报警开关为装于金属盒内的按键,一般将金属盒嵌入墙内,外露红色边框的保护罩。人工确认火灾后,敲破保护罩,将键按下,此时,一方面就地的报警设备(如火警讯响器、火警电铃)动作,另一方面手动信号还送到区域报警器,发出火灾警报。象探测器一样,手动报警开关也在系统中占有一个部位号。有的手动报警开关还具有动作指示、接受返回信号等功能。

手动报警按钮的紧急程度比探测器报警紧急,一般不需要确认。所以手动按钮要求更可靠、更确切,处理火灾要求更快。

手动报警按钮宜与集中报警器连接,且应单独占用一个部位号。因为集中控制器设在消防室内,能更快采取措施,所以当没有集中报警器时,它才接入区域报警器,但应占用一个部位号。

随着火灾自动报警系统的不断更新,手动报警按钮也在不断发展,不同厂家生产的不同型号的报警按钮各有特色,但其主要作用基本是一致的。以下介绍几种手动报警按钮的构造及原理,以了解不同报警按钮的特征。

①J-SAM-GST9121型手动火灾报警按钮

J-SAM-GST9121手动火灾报警按钮安装在公共场所,当人工确认火灾发生后按下报警按钮上的按片,可向控制器发出火灾报警信号,控制器接收到报警信号后,显示出报警按钮的编码信息并发出报警声响。本手动火灾报警按钮主要特点:

a. 采用拔插式结构设计,安装简单方便;

b. 按下报警按钮按片,报警按钮提供的独立输出触点,可直接控制其他外部设备;

c. 报警按钮上的按片在按下后可用专用工具复位;

d. 用微处理器实现对消防设备的控制,用数字信号与控制器进行通信,工作稳定可靠,对电磁干扰有良好的抑制能力;

e. 地址码为电子编码,可现场改写。

主要技术指标

a. 工作电压:总线为24 V

b. 监视电流≤0.6 mA

c. 报警电流≤1.8 mA

d. 线制:与控制器无极性二线制连接

e. 输出容量:额定DC30V/100 mA无源输出触点信号,接触电阻≤0.1 Ω

f. 使用环境:温度为-10~55 ℃,相对湿度≤95%,不结露

g. 外壳防护等级:IP43

h. 外形尺寸:95.4 mm×98.4 mm×45.5 mm(带底壳)

手动火灾报警按钮外形示意图如图3-3所示。

手动火灾报警按钮外接端子示意图如图3-4所示。图中Z1、Z2为无极性信号二总线接线端子;K1、K2为额定DC30V/100 mA无源常开输出端子,当报警按钮按下时,输出触点闭合信

号,可直接控制外部设备。

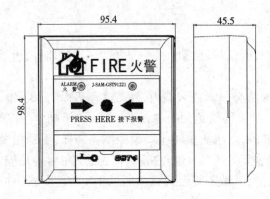

图3-3　手动火灾报警按钮外形示意图

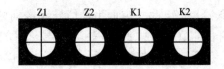

图3-4　手动火灾报警按钮外接端子示意图

布线要求:信号线 Z1、Z2 采用阻燃 RVS 双绞线,导线截面≥1.0 mm²。

手动火灾报警按钮安装时只需拔下报警按钮,从底壳的进线孔中穿入电缆,将手动火灾报警按钮的 Z1、Z2 端子直接接入控制器总线上,再插好报警按钮即可安装好报警按钮,安装孔距为 60 mm。报警按钮安装采用进线管明装和进线管暗装两种方式,如图 3-5 所示。

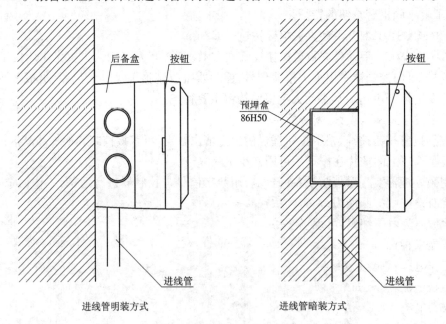

图3-5　报警按钮安装示意图

②J-SAM-GST9122 型手动火灾报警按钮

J-SAM-GST9122 手动火灾报警按钮安装在公共场所,本报警按钮含电话插孔。当人工确认发生火灾后,按下报警按钮上的按片,即可向控制器发出报警信号,控制器接收到报警信号后,将显示出报警按钮的编码信息并发出报警声响,将消防电话分机插入电话插孔即可与电话主机通信。本手动火灾报警按钮主要具有以下特点:

a. 采用拔插式结构设计,安装简单方便,按钮上的按片在按下后可用专用工具复位。

b. 按下报警按钮按片,可由报警按钮提供独立输出触点,可直接控制其他外部设备。

c. 采用微处理器实现信号处理,用数字信号与控制器进行通信,工作稳定可靠,对电磁干扰有良好的抑制能力。

d. 地址码为电子编码,可现场改写。

主要技术指标

a. 工作电压:总线为 24 V

b. 监视电流≤0.6 mA

c. 报警电流≤1.8 mA

d. 线制:与控制器采用无极性信号二总线连接,与 GST-LD-8304(消防电话接口)采用二线制连接

e. 额定 DC30V/100 mA 无源输出触点信号,接触电阻≤0.1 Ω

f. 使用环境:温度为 -10~55 ℃,相对湿度≤95%,不结露

g. 外壳防护等级:IP43

h. 外形尺寸:95.4 mm×98.4 mm×45.5 mm(带底壳)

手动火灾报警按钮外形示意图如图 3-6 所示。

手动火灾报警按钮的外接端子示意图如图 3-7 所示。图中 Z1、Z2 为报警控制器来的信号总线,无极性;K1、K2 为额定 DC30V/100 mA 无源输出端子,当报警按钮按下时,输出触点闭合信号,可直接控制外部设备;TL1、TL2 为与 GST-LD-8304 连接的端子。

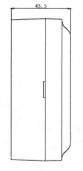

图 3-6　手动火灾报警按钮外形示意图

图 3-7　手动火灾报警按钮的外接端子示意图

布线要求:信号 Z1、Z2 采用阻燃 RVS 双绞线,截面积≥1.0 mm²;消防电话线 TL1、TL2 采用阻燃 RVVP 屏蔽线,截面积≥1.0 mm²。

作为手动火灾报警按钮使用时,将报警按钮的 Z1、Z2 端子直接接入火灾报警控制器总线上即可。作为手动火灾报警按钮及消防电话插孔使用时,将报警按钮的 Z1、Z2 端子直接接入火灾报警控制器总线上,同时将报警按钮的 TL1、TL2 端子与 GST-LD-8304 消防电话模块连接,具体如图 3-8 所示(最末端报警按钮的 TL1、TL2 接线端子接 4.7 kΩ 终端电阻)。

(2)手动报警按钮的设置

每个防火分区应至少设置一只手动火灾报警按钮。从一个防火分区内的任何位置到最邻近的手动火灾报警按钮的步行距离不应大于 30 m。手动火灾报警按钮宜设置在疏散通道或出入口处。列车上设置的手动火灾报警按钮,应设置在每节车厢的出入口和中间部位。

手动火灾报警按钮应设置在明显和便于操作的部位。当采用壁挂式安装时,其底边距

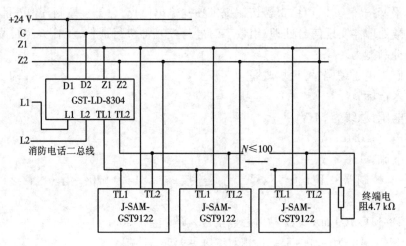

图 3-8　手动火灾报警按钮接线示意图

地高度宜为 1.3 m ~ 1.5 m,且应有明显的标志。

2. 火灾警报装置

火灾警报装置是在火灾自动报警系统中,用以发出区别于环境声、光的火灾警报信号的装置。它以声、光等方式向报警区域发出火灾警报信号,以警示人们迅速采取安全疏散、灭火救灾措施。

火灾警报器按用途分为火灾声警报器、火灾光警报器、火灾声光警报器;按使用场所分为室内型和室外型。

(1)几种常用的报警器

①GST-MD-M9514 型火灾光警报器

GST-MD-M9514 火灾光警报器用于显示室内火灾探测器报警情况。一般安装在巡视观察方便的地方,如会议室、餐厅、房间等门口上方,当房间内探测器报警时,警报器上的指示灯根据警报器设置的设备类型可以自动闪亮,也可以通过控制器联动启动闪亮,使工作人员在不进入室内的情况下就可知道室内的探测器已触发报警。GST-MD-M9514 火灾光警报器为编码型警报器,可直接接入火灾报警控制器的信号二总线。

主要技术指标

a. 工作电压:总线为 24 V

b. 监视电流≤0.6 mA

c. 动作电流≤5 mA

d. 线制:直接接入火灾报警控制器信号二总线

e. 使用环境:温度为 -10 ~ 50 ℃,相对湿度≤95%,不结露

f. 外壳防护等级:IP30

g. 外形尺寸:86 mm × 86 mm × 43 mm(带底壳)

结构特征、安装与布线:

火灾光警报器的外形结构示意图如图 3-9 所示。

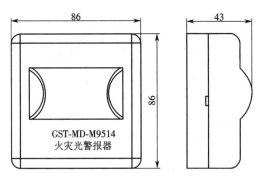

图 3-9　GST-MD-M9514 型火灾光警报器
外形结构示意图

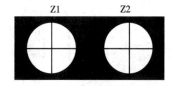

图 3-10　火灾光警报器对
外端子示意图

火灾光警报器采用明装,进线管预埋安装,将底盒安装在 86H50 型预埋盒上,安装方法与 GST-LD-8319 型输入模块相同。

火灾光警报器正中处有一红色高亮度发光区,当对应的探测器触发时,该区红灯闪亮。火灾光警报器的对外端子示意图如图 3-10 所示。图中 Z1、Z2 为与对应探测器信号二总线的接线端子

布线要求:Z1、Z2 信号总线采截面积 $\geqslant 1.0 \ mm^2$ 的阻燃 RVS 型双绞线。

②HX-100B 型火灾声光警报器

火灾声光警报器是一种安装在现场的声光报警设备,当现场发生火灾并确认后,安装在现场的火灾声光警报器可由消防控制中心的火灾报警控制器启动,发出强烈的声光报警信号,以达到提醒现场人员注意的目的。

HX-100B 型火灾声光警报器为编码型警报器,可直接接入火灾报警控制器的信号二总线(需由电源系统提供二根 DC24V 电源线)。

主要技术指标

a. 工作电压:信号总线电压为 24 V,允许范围为 16 ~ 28 V

电源总线电压为 DC24V,允许范围为 DC20V ~ DC28V

b. 工作电流:总线监视电流 $\leqslant 0.8 \ mA$,总线启动电流 $\leqslant 6.0 \ mA$

电源监视电流 $\leqslant 10 \ mA$,电源动作电流 $\leqslant 90 \ mA$

c. 线制:四线制与控制器采用无极性信号二总线连接,与电源线采用无极性二线制连接

d. 声压级 $\geqslant 85 \ dB$(正前方 3 m 水平处(A 计权))

e. 闪光频率:0.8 ~ 1.0 Hz

f. 变调周期:4(1 ±20%)s

g. 声调:火警声

h. 使用环境:温度为 - 10 ~ 50 ℃,相对湿度 $\leqslant 95\%$,不结露

i. 外壳防护等级:IP43

j. 外形尺寸:90 mm ×144 mm ×60.5 mm(带底壳)

结构特征、安装与布线:

火灾声光警报器外形示意图如图 3-11 所示。

火灾声光警报器采用壁挂式安装,在普通高度空间下,以距顶棚 0.2 m 处为宜。火灾声光

警报器接线端子示意图如图 3-12 所示。图中 Z1、Z2 为与火灾报警控制器信号二总线连接的端子,对于 HX-100A 型火灾声光警报器,此端子无效;D1、D2 为与 DC24V 电源线连接的端子,无极性;S1、G 为外控输入端子可以利用手动火灾报警按钮的无源常开触点直接控制编码型的火灾声光警报器启动,系统接线示意图如图 3-13 所示。

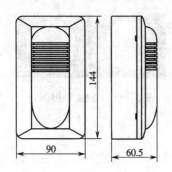

**图 3-11　HX-100B 型火灾声光
警报器外形示意图**

**图 3-12　HX-100B 型火灾声光警报
器接线端子示意图**

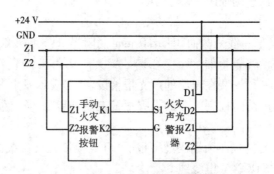

图 3-13　火灾声光警报器系统接线示意图

布线要求:信号二总线 Z1、Z2 采用阻燃 RVS 型双绞线,截面积≥1.0 mm²;电源线 D1、D2 采用阻燃 BV 线,截面积≥1.5 mm²;S1、G 采用阻燃 RV 线,截面积≥0.5 mm²。HX-100B/T 火灾声光警报器信号总线和电源线与警报器底壳端子连接处应做密封处理(无裸露铜线)。

③GST-HX-M8501/2 型火灾声/声光警报器

GST-HX-M8501/2 型火灾声/声光警报器是一种安装在现场的编码型声或声光报警设备,可由消防控制中心的火灾报警控制器启动,也可通过安装在现场的气体灭火控制盘直接启动。启动后警报器发出强烈的声或声光警号,以达到提醒现场人员注意的目的。

GST-HX-M8501/2 型警报器具有两种报警模式(模式Ⅰ、模式Ⅱ),可用于区分预警状态和火警状态。光显示采用多只超高亮红色发光二极管作为光源,显示醒目、寿命长、功耗低。可通过短路外控端子启动警报器,不受信号总线掉电的影响。

与信号总线及电源总线分别采用无极性二总线连接,接线方便;具有电源总线掉电检测功能,若电源总线掉电,可将故障信息传到控制器。

主要技术指标:

a. 工作电压:总线电压为 24 V,电源电压为 DC24V

b. 监视电流:总线电流≤1 mA,电源电流≤3 mA

c. 动作电流:总线电流≤5 mA,电源电流≤50 mA

d. 模式Ⅰ(用于预警状态)

声压级:75～85 dB(正前方 3 m 水平处(A 计权))

变调周期:1.4×(1±20%)s,闪光频率为 0.7×(1±20%)Hz(只针对声光警报器)

e. 模式Ⅱ(用于火警状态)

声压级:85～115 dB(正前方 3 m 水平处(A 计权))

变调周期:0.7×(1±20%)s,闪光频率为 1.4×(1±20%)Hz(只针对声光警报器)

f. 声调:嘀嘀声

g. 线制:四线制与控制器采用无极性信号二总线连接,与电源线采用无极性二线制连接

h. 使用环境:温度为 -10～50 ℃,相对湿度≤95%,不结露

i. 外壳防护等级:IP33

j. 外形尺寸:直径为 110 mm,高为 95.9 mm(带底壳)

结构特征、安装与布线:

GST-HX-M8501/2 型警报器外形示意图如图 3-14 所示。

安装方法:

a. 将电缆从底壳的进线孔中穿入接在相应的端子上。

b. 警报器采用线管预埋方式,可将底壳安装在 86H50 型预埋盒上,安装孔距及安装方向如图 3-16 所示,安装方式如图 3-15 所示。在普通高度空间下,以距顶棚 0.2 m 处为宜。

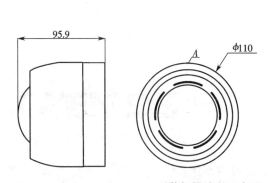

图 3-14　GST-HX-M8501/2 型警报器外形示意图

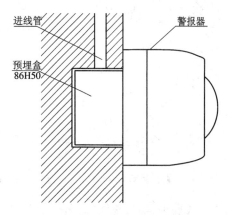

图 3-15　GST-HX-M8501/2 型警报器安装方式示意图

c. 底壳与警报器之间采用旋接式结构安装,定位卡口使警报器具有唯一的安装位置。安装时将警报器扣到底壳上后,将图 3-14 所示的定位凸棱 A 顺时针旋至底壳的定位凹槽 B 处(图 3-16)即可。

d. 若警报器有防拆要求时,将警报器上盖的拱形敲落孔(图 3-16)敲落,用 ST2.9×6.5 的自攻螺钉将其固定,此时必须用专用工具才能拆开。

e. 警报器底壳示意图如图 3-16 所示。

当警报器进线管需要明装时需配用厚度为 40 mm 的厚底座,此时应将底壳侧面的敲落孔敲掉后与进线管相接,警报器进线管明装安装方式示意图如图 3-17 所示。

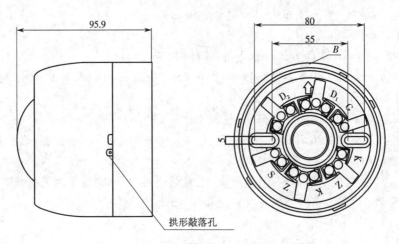

图 3-16　GST-HX-M8501/2 型警报器底壳示意图

警报器接线端子示意图如图 3-18 所示。图中 Z1、Z2 为控制器信号总线,无极性;D1、D2 接 DC24V 电源,无极性;S、G 为外控无源输入。

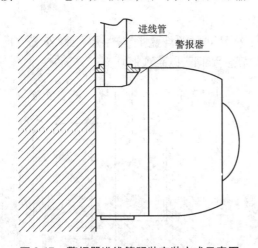

图 3-17　警报器进线管明装安装方式示意图

图 3-18　警报器接线端子示意图

布线要求:信号总线 Z1、Z2 采用阻燃 RVS 双绞线,截面积≥1.0 mm²;电源线 D1、D2 采用阻燃 BV 线,截面积≥1.5 mm²;外控线 S、G 采用阻燃 RV 线,截面积≥0.5 mm²。

3. 火灾警报器的设置

(1)火灾光警报器应设置在每个楼层的楼梯口、消防电梯前室、建筑内部拐角等处的明显部位,考虑光警报器不能影响疏散设施的有效性,故不宜与安全出口指示标志灯具设置在同一面墙上。

(2)考虑便于在各个报警区域内都能听到警报信号声,每个报警区域内应均匀设置火灾警报器,其声压组不应小子 60 dB;在环境噪声大于 60 dB 的场所,其声压级应高于背景噪声 15 dB。

(3)当火灾警报器采用壁挂方式安装时,其底边距地面高度大子 2.2 m。

4. 模块、短路隔离器

各种模块是消防控制联动系统中不可缺少的电子元器件。如火灾报警器、手动报警按钮、消防泵的启动、空调机的起停、电梯的迫降、供电的停止等各种信号通往消防控制器和由消防控制器发往各监测器件的桥梁。

模块是由集成电路、分立元件或微型继电器组成的电路,是能完成某种功能的整体电路装置。模块不仅具有中继器的作用,而且整体体强、体积小,工作稳定可靠,具有较强的抗干扰能力。它可以接收信号、放大信号,具有扩张功能和带负载的能力。

一般中继器或模块的输入端都来自消防控制器送出的二总线,输出端接火灾探测器或手动报警按钮等被控对象。中继器或模块可以扩展二总线的带负载能力,并可起到对所控远见的隔离、保护作用。根据实际需要,应用时可选择不同功能、不同性能的模块。

（1）编址输入模块

输入模块可将各种消防输入设备的开关信号（报警信号或动作信号）接入探测总线,实现信号向火灾报警控制器的传输,从而实现报警或控制的目的。

输入模块适用于水流指示器、报警阀、压力开关、非编址手动火灾报警按钮、普通型感烟、感温火灾探测器等。

①GST-LD-8319 型输入模块

a. 特点

GST-LD-8319 输入模块是一种编码模块,用于连接非编码探测器,只占用一个编码点,当接入模块输出回路的任何一只现场设备报警后,模块都会将报警信息传给火灾报警控制器,火灾报警控制器产生报警信号并显示出模块的地址编号。本模块可配接海湾公司生产的非编码点型光电感烟火灾探测器、非编码点型差定温火灾探测器、非编码点型复合式感烟感温火灾探测器等。模块输出回路最多可连接 15 只非编码现场设备,多种探测器可以混用。

（a）模块具有输出回路短路、断路故障检测功能;

（b）模块具有对探测器被摘掉后的故障检测功能;

（c）模块的地址码为电子编码,可现场改写。

b. 主要技术指标

（a）工作电压:总线电压为 24 V,电源电压为 DC24V

（b）监视电流:总线电流≤0.5 mA,电源电流≤10 mA

（c）报警电流:总线电流≤5 mA,电源电流≤60 mA

（d）线制:与控制器采用无极性信号二总线连接,与电源线采用无极性二线制连接,与非编码探测器采用有极性二线制连接

（e）使用环境:温度为 -10 ~ 55 ℃,相对湿度≤95%,不结露

（f）外壳防护等级:IP30

（g）外形尺寸:86 mm×86 mm×43 mm（带底壳）

c. 结构特征、安装与布线

本输入模块的外形尺寸及结构示意图如图 3-19 所示。

本输入模块采用明装,进线管预埋及明装安装方式,将底盒安装在预埋盒上,安装方法如图 3-20,底盒与上盖间采用拔插式结构安装,拆卸简单方便,便于调试维修。

底壳安装时应注意方向,底壳上标有安装向上标志,如图 3-21 所示。

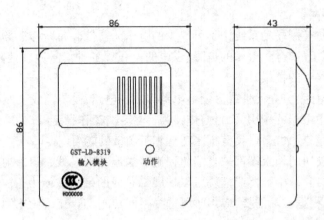

图 3-19 GST-LD-8319 输入模块的外形尺寸及结构示意图

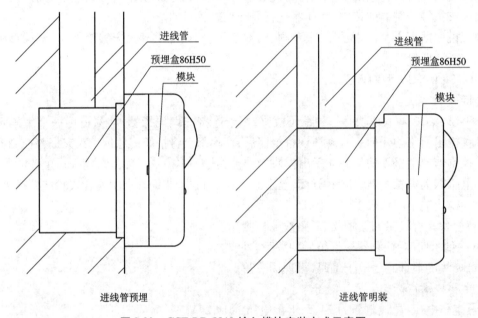

进线管预埋 进线管明装

图 3-20 GST-LD-8319 输入模块安装方式示意图

对外接线端子图如图 3-22 所示。图中 Z1、Z2 为接控制器二总线,无极性;D1、D2 为接直流 24V,无极性;O -、O + 为输出,有极性。

GST-LD-8319 输入模块与非编码探测器串联连接时,探测器的底座上应接二极管 1N5819,且输出回路终端必须接 GST-LD-8320 或 GST-LD-8320A 终端器,终端器可当探测器底座使用,即在此终端器上可安装非编码探测器,其系统构成图如图 3-23 所示。

当终端器不作为探测器底座使用时,应加装上盖,系统构成图如图 3-24 所示。

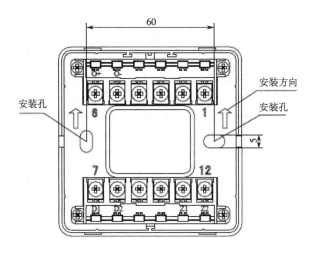

图 3-22　GST-LD-8319 输入模块
接线端子图

图 3-21　GST-LD-8319 输入模块底壳示意图

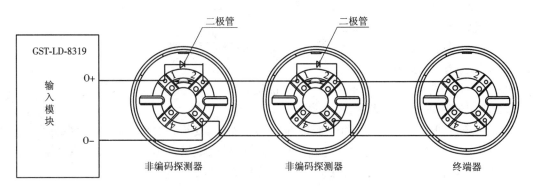

图 3-23　GST-LD-8319 输入模块与非编码探测器连接系统构成图(1)

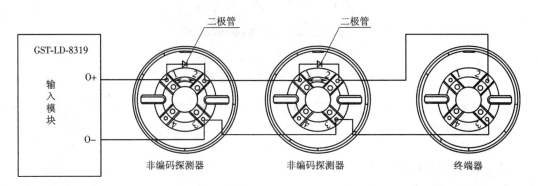

图 3-24　GST-LD-8319 输入模块与非编码探测器连接系统构成图(2)

　　布线要求：Z1、Z2 可选用截面积≥1.0 mm² 的阻燃 RVS 双绞线；其他线可采用截面积≥ 1.0 mm² 的阻燃 RV 或 BVR 线；O－、O＋的输出回路线要有明显的颜色区分，且颜色的选配要具有合理性。布线应与动力电缆、高低压配电电缆等不同电压等级的电缆分开布置，不能布设在同一穿线管或线槽内。

②GST-LD-8300 型输入模块

a. 特点

GST-LD-8300 型输入模块用于接收消防联动设备输入的常开或常闭开关量信号,并将联动信息传回火灾报警控制器(联动型)。主要用于配接现场各种主动型设备如水流指示器、压力开关、位置开关、信号阀及能够送回开关信号的外部联动设备等。这些设备动作后,输出的动作信号可由模块通过信号二总线送入火灾报警控制器,产生报警,并可通过火灾报警控制器来联动其他相关设备动作。输入端具有检线功能,可现场设为常闭检线、常开检线输入,应与无源触点连接。

本模块可采用电子编码器完成编码设置。当模块本身出现故障时,控制器将产生报警并可将故障模块的相关信息显示出来。

b. 主要技术指标

(a)工作电压:总线为 24 V

(b)工作电流≤1 mA

(c)线制:与控制器的信号二总线连接

(d)出厂设置:常开检线方式

(e)使用环境:温度为 -10~55 ℃,相对湿度≤95%,不结露

(f)外壳防护等级:IP30

(g)外形尺寸:86 mm×86 mm×43 mm(带底壳)

c. 结构特征、安装与布线

本模块的外形及结构与 GST-LD-8319 输入模块相同,安装方法也相同,其对外端子示意如图 3-25 所示。图中 Z1、Z2 为与控制器信号二总线连接的端子;I、G 为与设备的无源常开触点(设备动作闭合报警型)连接;也可通过电子编码器设置为常闭输入。

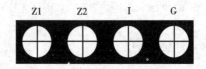

图 3-25 GST-LD-8300 型输入模块对外端子示意图

布线要求:信号总线 Z1、Z2 采用阻燃 RVS 型双绞线,截面积≥1.0 mm²;I、G 采用阻燃 RV 软线,截面积≥1.0 mm²。

d. 应用方法

模块输入端如果设置为"常闭检线"状态输入,模块输入线末端(远离模块端)必须串联一个 4.7 kΩ 的终端电阻;模块输入端如果设置为"常开检线"状态输入,模块输入线末端(远离模块端)必须并联一个 4.7 kΩ 的终端电阻。

e. GST-LD-8300 输入模块与现场设备的接线

(a)模块与具有常开无源触点的现场设备连接方法如图 3-26(a)所示。模块输入设定参数设为常开检线。

(b)模块与具有常闭无源触点的现场设备连接方法如图 3-26(b)所示,模块输入设定参数设为常闭检线。

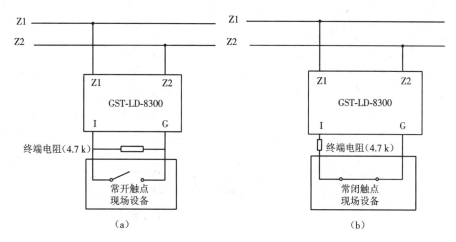

图 3-26　GST-LD-8300 输入模块与现场设备的接线示意图

（2）编址输入/输出模块

输入输出模块能将报警器发出的动作指令通过继电器触点来控制现场设备以完成规定的动作；同时将动作完成信息反馈给报警器。它是联动控制柜与被控设备之间的桥梁，适用于排烟阀、送风阀、风机、喷淋泵、消防广播、警铃（笛）等。

①GST-LD-8301 模块

a. 特点

此模块用于现场各种一次动作并有动作信号输出的被动型设备如：排烟阀、送风阀、防火阀等接入到控制总线上。

本模块采用电子编码器进行编码，模块内有一对常开、常闭触点。模块具有直流 24 V 电压输出，用于与继电器触点接成有源输出，满足现场的不同需求。另外模块还设有开关信号输入端，用来和现场设备的开关触点连接，以便对现场设备是否动作进行确认。本模块具有输入、输出检线功能。应当注意的是，不应将模块触点直接接入交流控制回路，以防强交流干扰信号损坏模块或控制设备。

b. 主要技术指标

（a）工作电压：总线电压为 24 V，电源电压为 DC24V

（b）监视电流：总线电流≤1 mA，电源电流≤5 mA

（c）动作电流：总线电流≤3 mA，电源电流≤20 mA

（d）线制：与控制器采用无极性信号二总线连接，与 DC24V 电源采用无极性电源二总线连接

（e）无源输出触点容量：DC24V/2A，正常时触点阻值为 100 kΩ，启动时闭合，适用于 12 ~ 48 V 直流或交流

（f）输出控制方式：脉冲、电平（继电器常开触点输出或有源输出，脉冲启动时继电器吸合时间为 10 s）

（g）出厂设置：常开检线输入、无源输出方式

（h）使用环境：温度为 −10 ~ 55 ℃，相对湿度≤95%，不结露

（i）外壳防护等级：IP30

(j)外形尺寸:86 mm×86 mm×43 mm(带底壳)

c.结构特征、安装与布线

GST-LD-8301 模块的外形尺寸及结构与 GST-LD-8319 输入模块相同,安装方法也相同,其对外端子示意图如图 3-27 所示。图中 Z1、Z2 为接火灾报警控制器信号二总线,无极性;D1、D2 为 DC24V 电源输入端子,无极性;I、G 为与被控制设备无源常开触点连接,用于实现设备动作回答确认,也可通过电子编码器设为常闭输入或自回答;COM、NO 为无源常开输出端子(注意:此端子间有微弱检线电流);NG、S－、V＋、G 为留用。

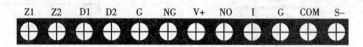

Z1　Z2　D1　D2　G　NG　V+　NO　I　G　COM　S-

图 3-27　GST-LD-8301 模块对外端子示意图

布线要求:信号总线 Z1、Z2 采用阻燃 RVS 型双绞线,截面积≥1.0 mm²;电源线 D1、D2 采用阻燃 BV 线,截面积≥1.5 mm²;G、NG、V＋、NO、COM、S－、I 采用阻燃 RV 线,截面积≥1.0 mm²。

d.应用方法

模块输入端如果设置为"常开检线"状态输入,模块输入线末端(远离模块端)必须并联一个 4.7 kΩ 的终端电阻;模块输入端如果设置为"常闭检线"状态输入模块输入线末端(远离模块端)必须串联一个 4.7 kΩ 的终端电阻。

(a)无源输出时,输出检线电压由被控设备提供,模块与控制设备的接线示意图如图 3-28 所示。

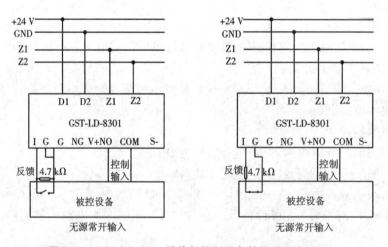

图 3-28　GST-LD-8301 模块与控制设备的接线示意图(1)

(b)对于需要模块控制 24 V 输出给被控设备时推荐使用无源输出方式,接线示意图如图 3-29 所示。

(3)短路隔离器(又称总线隔离器)

①作用

短路隔离器用在传输总线上,对各分支线作短路时的隔离作用。它能自动使短路部分两端呈高阻态或开路状态,使之不损坏控制器,也不影响总线上其他部件的正常工作,当这部分

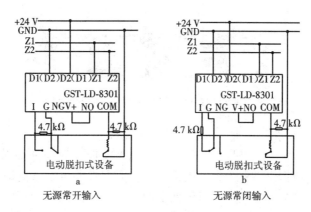

图 3-29　GST-LD-8301 模块与控制设备的接线示意图(2)

短路故障消除时,能自动恢复这部分回路的正常工作,这种装置叫短路隔离器。

②适用场所

a. 一条总线的各防火分区;

b. 一条总线的不同楼层;

c. 总线的其他分支处;

d. 下接部件(手动开关、模块)接地址号个数小于等于 30 个;

e. 下接探测器个数小于等于 40 个;

f. 下接中继器不超过一个。

③GST-LD-8313 型隔离器

a. 特点

在总线制火灾自动报警系统中,往往会出现某一局部总线出现故障(例如短路)造成整个报警系统无法正常工作的情况。隔离器的作用是,当总线发生故障时,将发生故障的总线部分与整个系统隔离开来,以保证系统的其他部分能够正常工作,同时便于确定出发生故障的总线部位。当故障部分的总线修复后,隔离器可自行恢复工作,将被隔离出去的部分重新纳入系统。

b. 主要技术指标

(a)工作电压:总线为 24 V

(b)动作电流≤100 mA

(c)动作确认灯:黄色

(d)使用环境:温度: -10~50 ℃,相对湿度≤95%,不结露

(e)外壳防护等级:IP30

(f)外形尺寸:86 mm×86 mm×43 mm(带底壳)

c. 结构特征、安装与布线

隔离器的外形尺寸及结构与 GST-LD-8319 输入模块相同,安装方法也相同,一般安装在总线的分支处,可直接串联在总线上,其端子示意图如图 3-30 所示。图中 Z1、Z2 为无极性信号二总线输入端子;ZO1、ZO2 为无极性信号二总线输出端子,动作电流为 100 mA。

布线要求:直接与信号二总线连接,无需其他布线。可选用截面积≥1.0 mm² 的阻燃 RVS 双绞线。

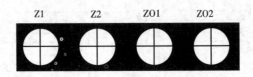

图 3-30　GST-LD-8313 型隔离器端子示意图

5. 火灾报警控制器

在火灾自动报警系统中,用以接收、显示和传递火灾报警信号,并能发出控制信号和具有其他辅助功能的控制指示设备称为火灾报警装置。火灾报警控制器就是其中最基本的一种。火灾报警控制器负担着为火灾探测器提供稳定的工作电源;监视探测器及系统自身的工作状态;接收、转换、处理火灾探测器输出的报警信号;进行声光报警;指示报警的具体部位及时间,同时执行相应辅助控制等诸多任务,它是火灾报警系统中的核心组成部分。

火灾报警控制器的基本功能主要有主电源、备用电源自动转换;备用电源充电功能;电源故障监测功能;电源工作状态指示功能;为探测器回路供电功能;控制器或系统故障声光报警;火灾声、光报警、火灾报警记忆功能;时钟单元功能;火灾报警优先报故障功能;声报警音响消音及再次声响报警功能。

(1)火灾自动报警控制器分类

①按控制范围分

a. 区域火灾报警控制器:直接连接火灾探测器,处理各种报警信息。

b. 集中火灾报警控制器:它一般不与火灾探测器相连,而与区域火灾报警控制器相连,处理区域级报警控制器送来的报警信号,常使用在较大型系统中。

c. 通用火灾报警控制器:它兼有区域,集中两级火灾报警控制器的双重特点。通过设置或修改某些参数(可以是硬件或者是软件方面),既可作区域级使用,连接控制器;又可作集中级使用,连接区域火灾报警控制器。

②按结构形式分

a. 壁挂式火灾报警控制器:连接探测器回路相应少一些,控制功能较简单,区域报警器多采用这种形式。

b. 台式火灾报警控制器:连接探测器回路数较多,联动控制较复杂,使用操作方便,集中报警器常采用这种形式。

c. 框式火灾报警控制器:可实现多回路连接,具有复杂的联动控制,集中报警控制器属此类型。

③按内部电路设计分

a. 普通型火灾报警控制器:其内部电路设计采用逻辑组合形式,具有成本低廉、使用简单等特点,可采用以标准单元的插板组合方式进行功能扩展,其功能较简单。

b. 微机型火灾报警控制器:内部电路设计采用微机结构,对软件及硬件程序均有相应要求,具有功能扩展方便、技术要求复杂、硬件可靠性高等特点,是火灾报警控制器的首选形式。

④按系统布线方式分

a. 多线制火灾报警控制器:其探测器与控制器的连接采用一一对应方式。每个探测器至少有一根线与控制器连接,曾有五线制、四线制、三线制、两线制,连线较多,仅适用于小型火灾自动报警系统。

b.总线制火灾报警控制器:控制器与探测器采用总线方式连接,所有探测器均并联或串联在总线上,一般总线有二总线、三总线、四总线,连接导线大大减少,给安装、使用及调试带来了较大方便,适于大、中型火灾报警系统。

⑤按信号处理方式分

a.有阈值火灾报警控制器:该类探测器处理的探测信号为阶跃开关量信号,对火灾探测器发出的报警信号不能进一步处理,火灾报警取决于探测器。

b.无阈值模拟量火灾报警控制器:这类探测器处理的探测信号为连续的模拟量信号,其报警主动权掌握在控制器方面,可具有智能结构,是现代化报警的发展方向。

⑥按其防爆性能分

a.防爆型火灾报警控制器:有防爆性能,常用于有防爆要求的场所,其性能指标应同时满足《火灾报警控制器通用技术条件》及《防爆产品技术性能要求》两个国家标准的要求。

b.非防爆型火灾报警控制器:无防爆性能,民用建筑中使用的绝大多数控制器为非防爆型。

⑦按其容量分

a.单路火灾报警控制器:控制器仅处理一个回路的探测器火灾信号,一般仅用在某些特殊的联动控制系统。

b.多回路火灾报警控制器:能同时处理多个回路的探测器火灾信号,并显示具体的着火部位。

⑧按其使用环境分

a.陆用型火灾报警控制器:建筑物内或其附近安装的,系统中通用的火灾报警控制器。

b.船用火灾报警控制器:用于船舶、海上作业。其技术性能指标相应提高,如工作环境温度、湿度、耐腐蚀、抗颠簸等要求高于陆用性火灾报警控制器。

6. 区域报警控制器

(1)作用

区域报警控制器种类日益增多,而且功能不断完善和齐全。区域报警控制器一般都是由火警部位记忆显示单元、自检单元、总火警和故障报警单元、电子钟、电源、充电电源以及与集中报警控制器相配合时需要的巡检单元等组成。区域报警控制器有总线制区域报警器和多线制区域报警器之分。其外形有壁挂式、柜式和台式三种。区域报警控制器可以在一定区域内组成独立的火灾报警系统,也可以与集中报警控制器连接起来,组成大型火灾报警系统,并作为集中报警控制器的一个子系统。总之,能直接接收保护空间的火灾探测器或中继器发来的报警信号的单路或多路火灾报警控制器称为区域报警器。

(2)JB-QB-GST100 型火灾报警控制器

JB-QB-GST100 型火灾报警控制器是海湾公司为适应国内外小工程、小点数的需求而推出的新一代火灾报警控制器,特别适合洗浴歌舞中心、餐厅、酒吧、小型图书馆、超市、变电站等小型工程的应用。

①特点

a.本控制器体积小,极大方便了工程安装,同时外形设计美观,可很好的与安装场所融合为一体;

b. 控制器具有汉字液晶显示,可同时显示两种信息;

c. 引入消防防火分区的概念,最大容量为 8 个独立分区 +1 个公共区;每一独立分区可单独指示报警、监管、故障、屏蔽状态;具有分区注释信息卡片,可手写或打印;指示直观;

d. 系统调试简单,本控制器可自动识别总线设备;具有自动分区功能,也可手动调整分区;

e. 控制器每一分区均具有预警功能,使用预警功能可以有效的减少在恶劣环境下误报警;

f. 具有现场提示功能,每个区域发生火警后,自动联动本区和公共区域的警报器,可分别设置本区和公共区域联动警报器的延时时间,最大延时均为 600 秒。

②主要技术指标

a. 液晶屏规格:122×32 点

b. 控制器容量:最大 128 个总线设备,8 个警报器

c. 线制:控制器与探测器间采用无极性信号二总线连接

d. 使用环境:温度为 0 ~ 40 ℃,相对湿度 ≤95%,不结露

e. 电源:主电 AC220V$^{+10\%}_{-15\%}$,备电 DC24V2.3Ah 密封铅酸电池

f. 功耗:监控功耗 ≤10 W,最大功耗 ≤15 W

g. 辅助电源输出:24 V/1 A

h. 控制器外形尺寸:300 mm ×210 mm ×91 mm

③结构特征、安装与布线

JB-QB-GST100 火灾报警控制器的外形尺寸示意图如图 3-31 所示。

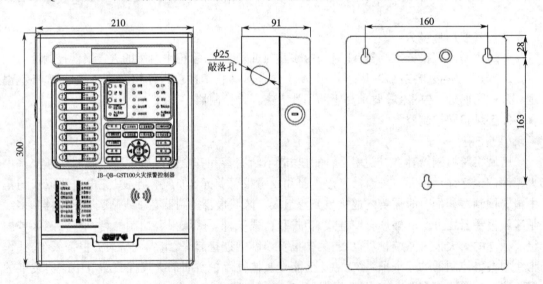

图 3-31　火灾报警控制器的外形尺寸示意图

本控制器为壁挂式结构设计,可直接明装在墙壁上,其对外接线端子如图 3-32 所示。图中 L、PG、N 为交流 220 V 接线端子及机壳保护接地线端子;BUS 为探测器总线(无极性);

R +、R -:警铃输出端子,触点容量 DC24V/0.3A;F +、F -:火警输出端子,触点容量 DC24V/0.3A;

+24V、GND 为 2DC24V/1A 辅助电源输出端子。

注:辅助电源输出、R +、R - 警铃输出及 F +、F - 火警输出的最大有源输出容量和为

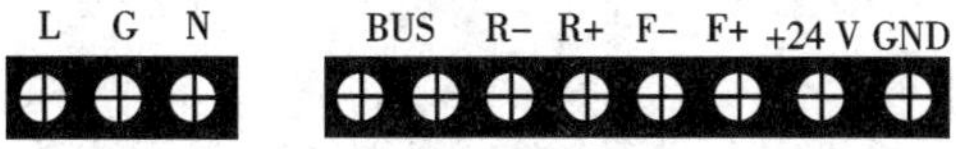

图 3-32　火灾报警控制器接线端子示意图

DC24V/1A。

布线要求:信号二总线采用阻燃 RVS 双绞线,截面积 ≥ 1.0 mm^2,DC24V 输出线采用阻燃 BV 线,截面积 ≥ 2.5 mm^2。

7. 集中报警控制器

(1)作用

集中报警控制器能接收区域报警控制器(含相当于区域报警控制器的其他装置)或火灾探测器发来的报警信号,并能发出某些控制信号使区域报警控制器工作。接线形式根据不同产品有不同线制,如三线制、四线制、两线制、全总线制及二总线制等。

(2)JB-QB-GST500 型火灾报警控制器(联动型)

它是一种最大容量可扩展到二个 242 编码点回路的控制器。

①特点

a. 采用大屏幕汉字液晶显示器,各种报警状态信息均可以直观的以汉字方式显示在屏幕上,便于用户操作使用;

b. 控制器设计高度智能化,与智能探测器一起可组成分布智能式火灾报警系统,极大降低误报,提高系统可靠性;

c. 火灾报警及消防联动控制可按多机分体、分总线回路设计,也可以单机共总线回路设计,同时控制器设计了具有短线、断线检测及设备故障报警功能的直接控制输出,专门用于控制风机、水泵等重要设备,可以满足各种设计要求;

d. 控制器可完成自动及手动控制外接消防被控设备,其中手动控制方式具备直接手动操作键控制输出及编码组合键手动控制输出二种方式,系统内的任一地址编码点既可由各种编码探测器占用,也可由各类编码模块占用,设计灵活方便;

e. 控制器具有极强的现场编程能力,各回路设备间的交叉联动、各种汉字信息注释、总线制控制设备与直接控制设备之间的相互联动等均可以现场编程设定;

f. 控制器具有预警功能,使用预警功能可以有效的减少在恶劣环境下的误报警;

g. 控制器可外接火灾报警显示盘及彩色 CRT 显示系统等设备,满足各种系统配置要求;

h. 控制器具有强大的面板控制及操作功能,可以观察探测器动态工作曲线,各种功能设置全面、简单、方便。

②主要技术指标

a. 液晶屏规格:320×240 图形点阵,可显示 12 行汉字信息

b. 控制器容量

(a)可带二个 242 地址编码点回路,最大容量为 484 个地址编码点

(b)可外接 64 台火灾显示盘;联网时最多可接 32 台其他类型控制器

(c)64 个直接手动操作总线制控制点

(d)最大可配置 10 路直接控制点

c. 线制

（a）控制器与探测器间采用无极性信号二总线连接，与各类控制模块间除无极性二总线外，还需外加二根 DC24V 电源总线

（b）与其他类型的控制器采用有极性二总线连接，对于火灾报警显示盘，需外加两根 DC24V 电源供电总线

（c）与彩色 CRT 系统采用四芯扁平电话线，通过 RS-232 标准接口连接，最大连接线长度不宜超过 15 m

（d）直接控制点与现场设备采用三线连接

d. 使用环境：温度为 0~40 ℃，相对湿度≤95%，不结露

e. 电源：主电为交流 220 V$^{+10\%}_{-15\%}$，内装 DC24V14Ah 密封铅电池作备电

f. 监控状态功耗≤55 W，火警状态最大功耗≤70 W

g. 外形尺寸：500 mm×700 mm×170 mm

h. 最大接线长度≤1 000 m

③结构特征、安装与布线

JB-QB-GST500 型控制器的外形尺寸示意图如图 3-33 所示。

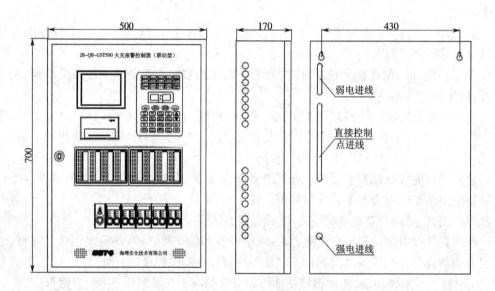

图 3-33　JB-QB-GST500 型控制器的外形尺寸示意图

本控制器为壁挂式结构设计，可直接明装在墙壁上，其对外接线端子示意图如图 3-34 端子；Z1－1、Z1－2，Z2－1、Z2－2 为二路无极性信号二总线端子；S＋、S－为火灾报警输出端子（报警时可配置成 24 V 电源输出或无源触点输出）；A、B 为连接其他种类控制器的通信总线端子；＋24V、GND 为辅助电源输出，最大输出容量 DC24V/0.4A；O、COM 为组成直接控制输出端，O 为输出端正极，COM 为输出端负极，启动后 O 与 COM 之间输出 DC24V；为实现检线功能，O 与 COM 之间接 ZD－01 终端器；I、COM 为组成反馈输入端，接无源触点；为实现检线功能，I 与 COM 之间接 4.7 kΩ 终端电阻。

布线要求：

a. 控制器信号总线采用阻燃 RVS 双绞线，截面积≥1.0 mm^2。

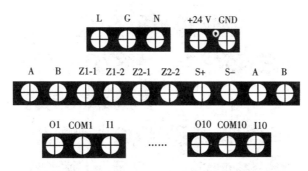

图 3-34　JB-QB-GST500 型控制器接线端子示意图

b. 控制器与控制器及火灾显示盘之间的通信总线采用阻燃屏蔽双绞线，截面积≥1 mm²。

c. 控制器输出的直接控制点外接线采用阻燃 BV 线，1.5 mm²≥截面积≥1.0 mm²。

d. 与彩色 CRT 系统采用阻燃四芯扁平电话线，通过 RS-232 标准接口连接，最大连接线长度不宜超过 15 m。

8. 电源

火灾自动报警系统属于消防用电设备，其主电源应当采用消防电源，备用电源可采用蓄电池。系统电源除为火灾报警控制器供电外，还为与系统相关的消防控制设备等供电。

9. 火灾探测报警系统工作原理

火灾发生时，安装在保护区域现场的火灾探测器将火灾产生的烟雾、热量和光辐射等火灾特征参数转变为电信号，经数据处理后，将火灾特征参数信息传输至火灾报警控制器；或直接由火灾探测器做出火灾报警判断，将报警信息传输到火灾报警控制器。火灾报警控制器在接收到探测器时火灾特征参数信息或报警信息后，经报警确认判断，显示发出火灾报警探测器的部位，记录探测器火灾报警的时间。处于火灾现场的人员，在发现火灾后可立即触动安装在现场的手动火灾报警按钮，手动报警按钮便将报警信息传输到火灾报警控制器，火灾报警控制器在接收到手动报警按钮的报警信息后，经报警确认判断，显示发出火灾手动报警按钮的部位，记录手动火灾报警按钮报警的时间。火灾报警控制器在确认火灾探测器和手动火灾报警按钮的报警信息后，驱动安装在保护区域现场时火灾报警装置，发出火灾警报，警示处于被保护区域内的人员火灾的发生。火灾探测报警系统的工作原理示意框图如图 3-35 所示。

3.1.2　消防联动控制系统

消防联动控制系统是火灾自动报警系统中，接收火灾报警控制器发出的火灾报警信号，按预设逻辑完成各项消防功能的控制系统。由消防联动控制器、消防控制室图形显示装置、消防电气控制装置（防火卷帘控制器、气体灭火控制器等）、消防电动装置、消防联动模块、消火栓按钮、消防应急广播设备、消防电话等设备和组件组成。

火灾发生时，火灾报警控制器将火灾探测器和手动报警按钮的报警信息传输至消防联动控制器。对于需要联动控制的自动消防系统（设施），消防联动控制器按照预设的逻辑关系对接收到的报警信息进行识别判断，若逻辑关系满足，消防联动控制器便按照预设的控制时序启动相应消防系统（设施）；消防控制室的消防管理人员也可以通过操作消防联动控制器的手动控制盘直接启动相应的消防系统（设施），从而实现相应消防系统（设施）预设的消防功能。消

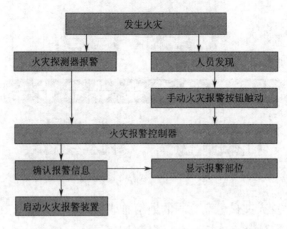

图 3-35   火灾探测报警系统的工作原理示意图

防系统(设施)动作的反馈信号传输至消防联动控制器的显示。每个联动子系统的具体工作原理会在后面的章节中陆续介绍。

3.2   系统形式的选择和设计要求

火灾自动报警系统的形式和设计要求与保护对象及消防安全目标的设立直接相关,正确理解火灾发生、发展的过程和阶段,对合理设计火灾自动报警系统有着十分重要的指导意义。

3.2.1   系统形式的分类和使用范围

随着消防技术的日益发展,现今的火灾自动报警系统已不仅是一种先进的火灾探测报警与消防联动控制设备,同时也成为消防设施实现现代化管理的重要基础设施,是建筑消防安全系统的核心组成部分,除承担火灾探测报警和消防联动控制的基本任务外,还具有对相关消防设备实现状态监测、管理和控制的功能。

火灾自动报警系统根据保护对象及设立的消防安全目标不同,分为区域报警系统、集中报警系统、控制中心报警系统。

火灾自动报警系统形式的选择规定:

(1)仅需要报警,不需要联动自动消防设备的保护对象宜采用区域报警系统;

(2)不仅需要报警,同时需要联动自动消防设备,且只设置一台具有集中控制功能的火灾报警控制器和消防联动控制器的保护对象,应采用集中报警系统,并应设置一个消防控制室;

(3)设置两个及以上消防控制室的保护对象,或已设置两个及以上集中报警系统的保护对象,应采用控制中心报警系统。

3.2.2   系统设计要求

1. 区域报警系统的设计规定

(1)系统应由火灾探测器、手动火灾报警按钮、火灾声光警报器及火灾报警控制器等组成,系统中可包括消防控制室图形显示装置和指示楼层的区域显示器;

(2)火灾报警控制器应设置在有人值班的场所;

(3)系统设置消防控制室图形显示装置时,该装置应具有传输本规范附录 A 和附录 B 规定的有关信息的功能;系统未设置消防控制室图形显示装置时,应设置火警传输设备。

2. 集中报警系统的设计规定

(1)系统应由火灾探测器、手动火灾报警按钮、火灾声光警报器、消防应急广播、消防专用电话、消防控制室图形显示装置、火灾报警控制器、消防联动控制器等组成;

(2)系统中的火灾报警控制器、消防联动控制器和消防控制室图形显示装置、消防应急广播的控制装置、消防专用电话总机等起集中控制作用的消防设备,应设置在消防控制室内;

(3)系统设置的消防控制室图形显示装置应具有传输《火灾自动报警系统设计规范(GB 50116—2013)》中附录 A 和附录 B 规定的有关信息的功能。

3. 控制中心报警系统的设计规定

(1)有两个及以上消防控制室时,应确定一个主消防控制室;

(2)主消防控制室应能显示所有火灾报警信号和联动控制状态信号,并应能控制重要的消防设备;各分消防控制室内消防设备之间可互相传输、显示状态信息,但不应互相控制;

(3)系统设置的消防控制室图形显示装置,其要求与集中报警系统设计要求中(3)一致;

(4)其他设计应符合集中报警系统设计要求的规定。

3.2.3 消防控制室的设计要求

消防控制室是建筑消防系统的信息中心、控制中心、日常运行管理中心和各自动消防系统运行状态监视中心,也是建筑发生火灾和日常火灾演练时应急指挥中心。在有城市远程监控系统的城市,消防控制室也是建筑与监控中心的接口。消防控制室的设计规定如下。

(1)具有消防联动功能的火灾自动报警系统的保护对象中应设置消防控制室。

(2)消防控制室内设置的消防设备应包括火灾报警控制器、消防联动控制器、消防控制室图形显示装置、消防专用电话总机、消防应急广播控制装置、消防应急照明和疏散指示系统控制装置、消防电源监控器等设备或具有相应功能的组合设备。

(3)消防控制室内设置的消防控制室图形显示装置应能显示建筑物内设置的全部消防系统及相关设备的动态信息和消防安全管理信息,并应为远程监控系统预留接口,同时应具有向远程监控系统传输有关信息的功能。

(4)消防控制室应设有用于火灾报警的外线电话。

(5)消防控制室应有相应的竣工图纸、各分系统控制逻辑关系说明、设备使用说明书、系统操作规程、应急预案、值班制度、维护保养制度及值班记录等文件资料。

(6)消防控制室送、回风管的穿墙处应设防火阀。

(7)消防控制室内严禁穿过与消防设施无关的电气线路及管路。

(8)消防控制室不应设置在电磁场干扰较强及其他影响消防控制室设备工作的设备用房附近。

(9)消防控制室内设备的布置规定

设备面盘前的操作距离,单列布置时不应小于 1.5 m;双列布置时不应小于 2 m。

在值班人员经常工作的一面,设备面盘至墙的距离不应小于 3 m。

设备面盘后的维修距离不宜小于 1 m。

设备面盘的排列长度大于 4 m 时,其两端应设置宽度不小于 1 m 的通道。

与建筑其他弱电系统合用的消防控制室内,消防设备应集中设置,并应与其他设备间有明显间隔。

思 考 题

1. 手动报警按钮的设置要求是什么?

2. 火灾自动报警控制器按控制范围分为几类? 简述各自的适用场合。

3. 中继模块、输入模块、输入输出模块和短路隔离器各自的功能是什么?

4. 已知某高层建筑规模为40层,每层为一个探测区域,每层有45只探测器,手动报警按钮20个,系统中设有一台集中报警控制器,试问该系统中还应有什么其他设备,为什么?

5. 火灾自动报警系统有哪几种形式? 各自适用场合。

6. 报警器的功能是什么?

7. 区域报警器与楼层显示器的区别是什么?

第4章　灭火控制系统

4.1　概　述

4.1.1　作用及分类

高层建筑或建筑群体着火后,主要做好两方面的工作:一是有组织有步骤的紧急疏散;二是进行灭火。为将火灾损失降到最低限度,必须采取最有效的灭火方法。灭火方式有两种:一种是人工灭火,动用消防车、云梯车、消火栓、灭火弹、灭火器等器械进行灭火。这种灭火方法具有直观、灵活及工程造价低等优点,缺点是:消防车、云梯车等所能达到的高度十分有限,灭火人员接近火灾现场困难,灭火缓慢、危险性大。另一种是自动灭火。自动灭火又分为自动喷水灭火系统和固定式喷洒灭火剂灭火系统两种。

4.1.2　灭火的基本方法

燃烧是一种发热放光的化学反应。要达到燃烧必须同时具备三个条件:(1)有可燃物(如汽油、甲烷、木材、氢气、纸张等);(2)有助燃物(如高锰酸钾、氯、氯化钾、溴、氧等);(3)有火源(如高热、化学能、电火、明火等)。显而易见,只要不使上述三个条件同时具备,就可以实现防火、灭火的目的。

常用的灭火介质可分为两类:

(1)基于物理机理的灭火介质,如水、泡沫灭火剂等;

(2)基于化学机理的灭火介质,如二氧化碳和卤素灭火剂等。

以水作为灭火介质是利用它来了冷却燃烧体,泡沫灭火剂则是使燃烧体隔断空气,从而达到灭火目的。但是水和泡沫都会造成设备污染,多用于仓库建筑群体的消防系统中,高层建筑的消防也可采用,但是电子计算机房等重要的建筑群体则不能采用水和泡沫灭火。

二氧化碳和卤素灭火剂的特点是:利用化学方法抑制燃烧过程的化学反应,阻止可燃物与氧气进行化学反应,等于起了"断链"的作用,从而达到灭火的目的,应注意采用二氧化碳灭火剂时,应待人员疏散完毕后才启用,不允许人员接近灭火区。

目前常用的卤素灭火剂大致有5种,其中最常用的有"1211"和"1301"两种。这两种卤素灭火剂的优点是灭火能力强,特别是对电气火灾和油类火灾特别有效,而且卤素灭火剂毒性小、易氧化,灭火后不留任何污迹,对设备、机械无污染腐蚀作用。同时,二氧化碳和卤素灭火剂具有电气绝缘性能好、化学性能极稳定、长期存储不会变质等特点,在高层建筑群体中,目前国外已倾向于用二氧化碳和卤素灭火剂。

4.2 自动喷水灭火系统

自动喷水灭火系统工作性能稳定、维护方便、灭火效率高、使用期长,是达到早期灭火和控制火势蔓延的重要措施。所以,应在人员密集、不易疏散、外部增援灭火与救生较困难的具有性质重要或危险性较大的场所中设置。目前,水灭火是一种使用最广泛的灭火系统,各种较廉价的常规自动喷淋灭火系统被普遍地应用于高层建筑和建筑群体的消防系统中。根据使用环境和技术要求的不同,自动水喷淋灭火系统大体上可分为以下几类:

(1)湿式喷水灭火系统;

(2)室内消火栓灭火系统;

(3)干式喷水灭火系统;

(4)干湿两用灭火系统;

(5)预作用喷水灭火系统;

(6)雨淋灭火系统;

(7)水幕系统;

(8)水喷雾灭火系统;

(9)轻装简易系统;

(10)泡沫雨淋系统;

(11)大水滴(附加化学品)系统;

(12)自动启动系统。

基本功能:

(1)能在火灾发生后,自动地进行喷水灭火;

(2)能在喷水灭火的同时发出警报。

4.2.1 湿式自动喷水灭火系统

1.系统简介

自动喷水灭火属于固定式灭火系统,是准备工作状态时管网内充满用于启动系统的有水压的闭式系统。它不怕浓烟烈火,随时监视火灾,是最安全可靠的灭火装置,适用于温度不低于 4 ℃(低于 4 ℃受冻)和不高于 70 ℃(高于 70 ℃失控,误动作造成水灾)的场所。

(1)系统的组成

湿式喷水灭火系统是由喷头、报警止回阀、延迟器、水力警铃、压力开关(安在干管上)、水流指示器、管道系统、供水设施、报警装置及控制盘等组成,如图 4-1 所示,主要部件如表 4-1 所示;它的相互关系图如图 4-2 所示。报警阀前后的管道内充满压力水。

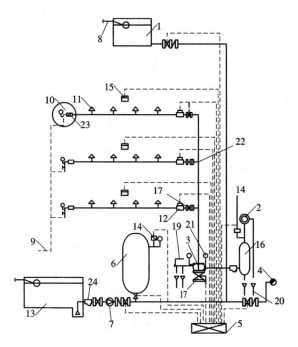

图 4-1　湿式自动喷水灭火系统示意图

表 4-1　主要部件表

编号	名　称	用　途	编号	名　称	用　途
1	高位水箱	储存初期火灾用水	13	水池	储存 1 h 火灾用水
2	水力警铃	发出音响报警信号	14	压力开关	自动报警或自动控制
3	湿式报警阀	系统控制阀,输出报警水流	15	感烟探测器	感知火灾,自动报警
4	消防水泵接合器	消防车供水口	16	延迟器	克服水压液动引起的误报警
5	控制箱	接收电信号并发出指令	17	消防安全指示阀	显示阀门启闭状态
6	压力罐	自动启闭消防水系	18	放水阀	试警铃阀
7	喷淋泵	专用消防增压泵	19	放水阀	检修系统时,放空用
8	进水管	水源管	20	排水漏斗(或管)	排水系统的出水
9	排水管	末端试水装置排水	21	压力表	指示系统压力
10	末端试水装置	试验系统功能	22	节流孔板	减压
11	闭式喷头	感知火灾,出水灭火	23	水表	计量末端试验装置出水量
12	水流指示器	输出电信号,指示火灾区域	24	过滤器	过滤水中杂质

（2）湿式喷水系统附件

①自动喷淋头

自动喷淋头是整个自动水喷淋系统的重要组成部分,其性质、质量和安装的优劣会直接影响到灭火的成败。自动喷淋头可以分为开启式和封闭式两大类。

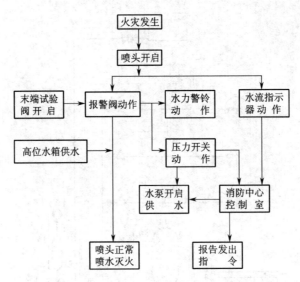

图 4-2　湿式自动喷水灭火系统动作程序图

开启式喷头按其结构可分为双臂下垂型、单臂下垂型、双臂直立型和双臂边墙型四种,如图 4-3 所示。

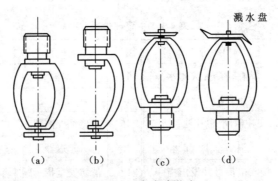

图 4-3　开启式喷淋头

开启式喷头的特点是:外形美观,结构新颖,价格低廉,性能稳定,可靠性强。

适用范围:易燃、易爆品加工现场或贮存仓库以及剧场舞台上部的葡萄棚下部等处。

②封闭式喷淋头

封闭式喷淋头可以分为易熔合金式、双金属片式和玻璃球式三种。用于高层民用建筑、影剧院、会议室和宾馆饭店中的喷淋头多为玻璃球式,这种喷淋头由喷水口、玻璃球支撑和溅水盘等组成,如图 4-4 所示。喷头布置在房间顶棚下边,与支管相连。

在正常情况下,喷头处于封闭状态。火灾时,开启喷水是由感温部件(充液玻璃球)控制,当装有热敏液体的玻璃球达到动作温度(57 ℃、68 ℃、79 ℃、93 ℃、141 ℃、182 ℃、227 ℃、260 ℃)时,球内液体膨胀,使内压力增大,玻璃球炸裂,密封垫脱开,喷出压力水,喷水后,由于压力降低,压力开关动作,将水压信号变为电信号向喷淋泵控制装置发出启动喷淋泵信号,保证喷头有水喷出。同时,流动的消防水使主管道分支处的水流指示器电接点动作,接通延时电路(延时 20~30 s),通过继电器触点,发出声光信号给控制室,以识别火灾区域。

每个喷淋头在规定高度内的保护面积约为 10 m² 左右。这种玻璃式自动喷淋头可与消防管网、自动报警阀门等组成自动灭火系统,它是系统中最主要的部件,起探测火情、启动水流指示器、扑灭早期火灾的重要作用。

③水流指示器(水流开关)

水流指示器是自动水喷淋灭火系统中很重要的水流式传感器。当喷淋头喷水时,喷淋支管内水流动,带动水流指示器上限位开关 S 动作,动作信号返回消防控制中心报警。在报警器上显示该区域已在喷水,同时又使得湿式报警阀的上部水压低于下部水压,使报警阀由关闭转为开启,压力水进入报警信号通道,推动水力警铃发出声响报警,并推动压力开关传送报警电信号,在报警控制器上,也显示开阀。根据水流指示器和压力开关的报警信号或消防水箱的水位信号,控制器能自动启动消防水泵向管网加压供水,达到持续喷水的目的。

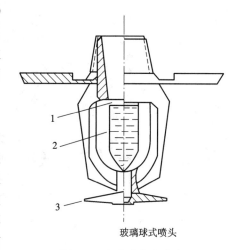

图 4-4　玻璃球式喷淋头
1—喷口;2—玻璃球支撑;3—溅水盘

④压力开关

压力开关适用于水、空气等介质,是自动水喷淋灭火系统中十分重要的水压传感式继电器,它和水力警铃统称为水(压)力警报器。一般将水力警铃安装在湿式报警阀的延迟器之后,压力开关则安装在延迟器的上部。当系统进行水喷淋灭火时,在 5 ~ 90 s 内,管网内水压下降到一定值时,压力开关动作,将水压转换成开关信号或电信号,并配合水流指示器一起实现对消防水泵的自动控制或实施水喷淋灭火的回馈信号控制,故压力开关又称为“水—电信号转换器”。与此同时,管网水流将驱动延迟器后面的水力警铃发出报警音响。

图 4-5 为高层建筑水流指示器及压力信号电路图。当火灾发生时,由于环境温度升高,使玻璃球喷淋头自动开启喷水灭火,假如使配水干管上的水流指示器 2SLZ 动作时,其常开触点“1 – 2”闭合,同时常闭触点“1 – 3”打开,信号指示灯 2HL 亮,B 点电位为交流 220 V,报警电笛 BJDD 鸣响报警(手动解除触点 SA 平时处于闭合状态),同时接通连锁继电器 1KA。此时,由于其他各水流指示器均未动作,对应常闭触点“1 – 3”通过接线使信号灯的两端处于等电位状态,信号灯不能点亮,这样就把动作与未动作的水流指示器区分开来,确定出火灾发生的楼层。随着水喷淋灭火的进行,使管网内水压下降。只有压力开关 YLK 动作时,信号灯 YHK 亮,继电器 2KA 得电,其常开触点闭合。BJDD 继续保持鸣响,同时使 1KA 保持得电,其触点 1KA 上 KA 闭合,中间继电器 KM 通电吸合,使喷淋泵投入运行给管网供水加压,实现了电动消防泵的自动启动。

⑤湿式报警阀

湿式报警阀在湿式喷水灭火系统中是非常关键的。安装在总供水干管上,连接供水设备和配水管网。它必须十分灵敏,当管网中即使有一个喷头喷水,破坏了阀门上下的静止平衡压力,就必须立即开启,任何迟延都会耽误报警的发生。它一般采用止回阀的形式,即只允许水流向管网,不允许水流回水源。其作用,一是防止随着供水水源压力波动而启闭,虚放警报;二是管网内水质因长期不流动而腐化变质,如让它流回水源将产生污染。当系统开启时,报警阀

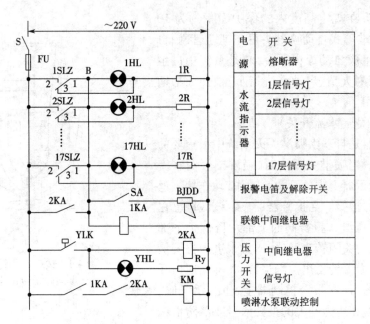

图 4-5　高层建筑水流指示器及压力开关信号电路

打开,接通水源和配水管;同时部分水流通过阀座上的环形槽,经信号管道送至水力警铃,发出音响报警信号。电动报警不得代替水力警铃。

⑥末端试水装置

喷水管网的末端应设置末端试水装置,如图 4-6 所示。宜与水流指示器一一对应。图中流量表直径与喷头相同,连接管道直径不小于 20 mm。

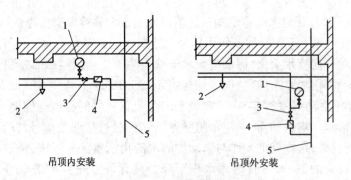

吊顶内安装　　　　　　　吊顶外安装

图 4-6　末端试水装置

1—压力表;2—闭式喷头;3—末端试验阀;4—流量计;5—排水管

末端试水装置的作用:对系统进行定期检查,以确定系统是否正常工作。

2. 湿式自动喷水灭火系统原理

在图 4-1 中已示出湿式自动水喷淋灭火系统的结构。平时,管路内充满水,整个系统处于高位水箱的压力下。当保护区发生火灾时,装设于被保护现场的探测器发出报警信号,经回路总线传送给火灾报警控制器,并发出声光报警信号,向消防值班人员报警。当喷淋头周围的温度迅速上升,玻璃球中液体受热膨胀而使玻璃球爆裂(感温元件动作)喷水口开放,这样压力水流就从管口喷射到溅水盘上,而均匀喷淋在燃烧物上进行冷却灭火。经过 20～30 s,装设在管路上的水流指示器的继电器触点吸合,把水流转换成报警信号,并通过其附近安装的监视模块,经回路总线传送给火灾报警控制器,发出声光报警信号,并显示灭火地址。初期火灾用水量由高位水箱提供,为了使高位水箱的水不倒流至泵室,故设置单向阀24。当管网中水压下降到预定值时,湿式报警阀动作,并带动水力警铃报警,同时安装在延迟器上的压力开关也动作,将水压信号转换成开关报警信号,并通过其近旁安装的监视模块,经回路总线传送给火灾报警控制器,发出相应的声光报警信号。由于报警控制器收到了以上两个报警信号,就发出启泵指令,通过控制模块联动喷淋泵启动运行,对管网供水加压进行灭火,喷淋泵启动流程图如图4-8 所示。这种湿式自动水喷淋灭火系统适用于冬季室温在 0 ℃ 以上的房间或场所(最好室内常年温度不低于 4 ℃ 的场所)。其优点是喷淋灭火及时、控制迅速、可靠性高。缺点是不适用高寒地区无采暖的房间或部位,而且若管网漏水则会污损室内装修,另外管网也较易锈蚀损坏。

4.2.2　干式自动喷水灭火系统

1. 系统的构造

干式自动喷水灭火系统适用于室内温度低于 4 ℃ 或年采暖期超过 240 天的不采暖房间,或高于 70 ℃ 的建筑物、构筑物内,如不采暖的地下停车场、冷库等。它是除湿式系统以外使用历史最长的一种闭式自动喷水灭火系统,其构造如图 4-7 所示。主要由闭式喷头、管网、下式报警阀、充气设备、报警装置和供水设备等组成。平时报警阀后管网充以有压气体,水源至报警阀的管段内充以有压水。空气压缩机把压缩空气通过单向阀压入干式阀至整管网之中,把水阻止在管网以外(干式阀以下)。

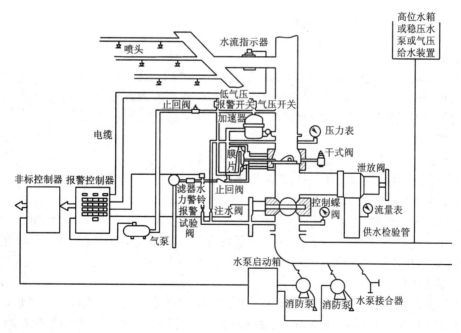

图 4-7　干式喷水灭火系统组成示意图

2. 系统的工作原理

当火灾发生时,如图4-8所示,闭式喷头周围的温度升高,在达到其动作温度时,闭式喷头的玻璃球爆裂,喷水口开放。但首先喷射出来的是空气,随着管网中压力下降,水即顶开干式阀门流入管网,并由闭式喷头喷水灭火。其电气线路的控制与湿式自动喷水系统类同,不再赘叙。

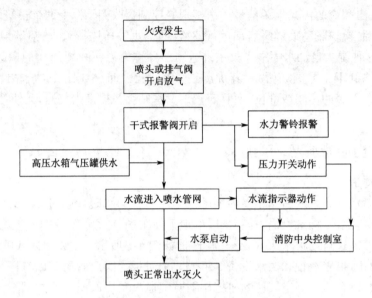

图4-8　干式自动喷水灭火系统原理框图

4.2.3　干、湿两用喷水灭火系统

1. 系统组成

干湿式自动喷水灭火系统是在干式系统的基础上,为了克服干式系统的不足而产生的一种交替式自动喷水灭火系统。干湿式系统的组成与干式系统大致相同,只是将报警阀改为干湿式两用阀或干式报警阀与湿式报警阀组合阀。其系统组成如图4-9所示。

2. 工作原理

(1)冬季工作情况

在冬季,系统管网充以有压气体,系统为干式系统,其原理不再重叙。

(2)夏季工作情况

在温暖季节,管网中充以压力水,系统为湿式系统。当火灾发生时,火源处温度上升,使火源上方喷头开启喷水,压力开始下降,于是干湿两用阀开启,压力开关动作,发出启动消防水泵信号,水泵启动后维持喷头喷水灭火。

3. 干湿式系统的特点

(1)干湿式系统可干式系统和湿式系统交替使用,可部分克服干式系统灭火率低的弊端。

(2)因为干湿式系统的交替工作,其管网内交替使用空气和水,所以管道易受腐蚀。系统形式必须随季节变换,管理较复杂。

(3)尾端干式和干湿式喷水灭火系统。对于温度小于4 ℃或大于70 ℃的小区域,对于建筑物中的局部小型冷藏室、温度超过70 ℃的烘干房、蒸气管道等部位,如果建筑物的其他部位

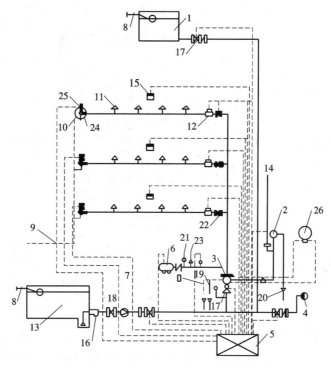

图 4-9　干、湿式自动喷水灭火系统

1—高位水箱;2—水力警铃;3—干湿两用阀;4—消防水泵接合器;5—控制箱;6—空压机;7—消防水泵;8—进水管;9—排水管;10—末端试水装置;11—闭式喷头;12—水流指示器;13—水池;14—压力开关;15—火灾探测器;16—过滤器;17—消防安全指示阀;18—截止阀;19—放空阀;20—排水漏斗;21—压力表;22—节流孔板;23—安全阀;24—水表;25—排气阀;26—加速器

采用了湿式自动喷水系统时,这些小区域可以在湿式系统上接设尾端干式系统和干湿式系统,采用小型尾端干湿式系统或干式系统时,可以采用电磁阀代替干湿式报警阀和干式阀,同时还应设置可行的放空管道积水的措施。

4.2.4　预作用喷水灭火系统

1. 预作用喷水系统的组成

预作用系统是由装有闭式喷淋头的干式喷水灭火系统上附加一套火灾自动报警系统,即由报警控制器的外控触点来控制电磁阀,而形成兼有双重控制的系统,如图 4-10 所示。平时预作用阀后管网充以低压压缩空气或氮气(也可以是空气管)。

2. 系统的工作原理

预作用系统原理如图 4-11 所示。当发生火灾时,探测器探测后,通过报警控制器发出火警信号,并由其外控触点使电磁阀得电开启(或由手动开启),预先开启排气阀,排出管网内压缩空气,使管网内充满水。当火灾使环境温度高于闭式喷头温敏元件动作时,即刻喷淋灭火。使灭火迅速实现,减少了损失,克服了干式和湿式系统的不足。

如果探测器发生故障,当发生火灾时,此探测器不报警,但火灾处温度升高后使喷头开启,于是管网中的压缩空气气压迅速下降,由压力开关探测到管网压力骤降的情况,压力开关发出

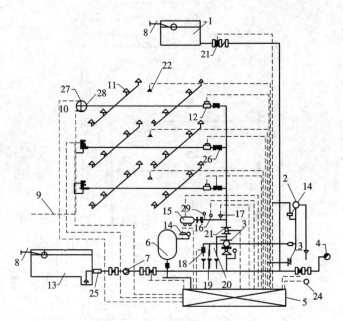

图 4-10　预作用自动喷水灭火系统

1—高位水箱;2—水力警铃;3—预作用阀;4—消防水泵接合器;5—控制箱;6—压力罐;7—消防水泵;8—进水管;9—排水管;10 V末端试水装置;11—闭式喷头;12—水流指示器;13—水池;14—压力开关;15—空压机;16—压力开关;17—压力开关;18—电磁阀;19—截止阀;20—截止阀;21—消防安全指示阀;22—探测器;23—电铃;24—紧急按钮;25—过滤器;26—节流孔板;27—排气阀;28—水表;29—压力表

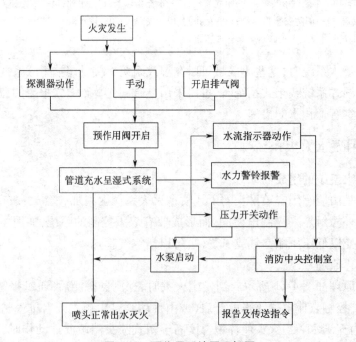

图 4-11　预作用系统原理框图

报警信号,通过火灾报警控制器启动预作用阀,供水灭火,并启动消防水泵加压。可见这种情况动作就不如探测器报警迅速。

3. 预作用系统的特点及应用范围

（1）预作用系统将湿式系统和干式系统的优点集为一体，克服了湿式系统由于误动作而造成水渍和干式系统喷水迟缓的不足；

（2）系统中有火灾探测器的早期报警和自动监测功能，对系统中的渗漏和损坏可随时发现，因此安全可靠性高，灭火率也优于湿式自动喷水灭火系统；

（3）系统组成较复杂，造价高；

（4）预作用系统应用范围广泛，能广泛应用在干式和湿式系统适合的场所，同时也适于应用在不能使用干式和湿式系统的场所及对系统安全程度要求较高的场所。

4.3　室内消火栓灭火系统

4.3.1　消火栓灭火系统简介

室内消火栓灭火系统由消防蓄水池、管路及室内消火栓等主要设备组成。采用高压给水系统时，可不设高位消防水箱。当采用临时高压给水系统时，应设高位消防水箱，并应符合下列规定：一类公共建筑不应小于 18 m³，二类公共建筑和一类居住建筑不应小于 12 m³，二类居住建筑不应小于 6 m³。

室内消火栓设备由水带、水枪和消火栓等三部分组成，其主要设备如图 4-12 所示。室内消火栓的水枪喷嘴口径有 13 mm、16 mm、19 mm 三种，水带直径有 50 mm、65 mm 两种。其选用配置原则是水枪口径为 13 mm、16 mm 时，可采用直径为 50 mm 的水带；水枪口径为 19 mm 时，则应采用直径为 65 mm 的水带，而消火栓的选用一般应根据流量来确定。水带长度不应超过 26 m，宜选用同一型号规格的消火栓。高位消防水箱的设置高度应保证最不利点消火栓的静水压力。当不能满足最不利点消火栓的静水压力要求时，应增设增压设施。要求建筑物的各层均应设置消火栓，并且要求消火栓装设在出口、过道的明显和易于达到的位置，消火栓的间距应保证同层任何部位有两个消火栓的水枪充实水柱同时到达，最大间距不应超过 50 m。消火栓的栓口距地面高度为 1.2 m，且消火栓的出口方向宜与设置消火栓的墙面成 90°。

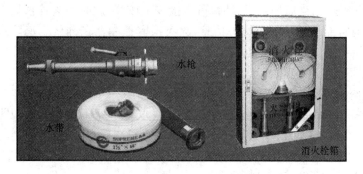

图 4-12　室内消火栓系统主要设备

4.3.2 消火栓报警按钮

1. 消火栓按钮主要功能

在每个消火栓设备上均设有远距离启动消防泵的按钮—消火栓报警按钮和指示灯,并在按钮上配有玻璃壳罩。按动方式可分为按下玻璃片型和击碎玻璃片型两种,接触点形式分为常开触点和常闭触点型两种。一般按下玻璃片型为常开触点形式,击碎玻璃片型为常闭触点形式。为满足动作报警和直接启动消防泵的要求,必须具备两对触点。在火灾自动报警系统中,手动报警按钮和消火栓报警按钮都属于手动触发装置,但这两者之间还是有一定区别的。手动报警按钮与消防启泵按钮的区别:

(1)手动报警器是人工报警装置,消火栓报警按钮是启动消防泵的触发装置;虽然两种信号都接到消防控制室,但两者的作用不同;

(2)手动报警按钮按防火分区设置,一般设在出入口附近,而消火栓报警按钮按消火栓的布点设置,两者的设置位置和标准不同;

(3)手动报警按钮的信号接到火灾报警控制器上,消防启泵按钮的信号接到消防控制室的消防联动控制盘上;火灾报警时,不一定要启泵,所以手动报警按钮不能替代消火栓按钮兼作启泵的联动触发装置。

2. 消火栓按钮的设置要求

(1)在设置消火栓的场所必须设置消火栓按钮。

(2)设置火灾自动报警系统时,消火栓按钮可采用二总线制,即引至消防联动控制器总线回路,用于传输按钮的动作信号,同时消防联动控制器接收到消防泵动作的反馈信号后,通过总线回路点亮消火栓按钮的启泵反馈指示灯。

(3)未设置火灾自动报警系统时,消火栓按钮采用四线制,即两线引至消防泵控制柜(箱)用于启动消防泵;两线引至消防泵动作反馈触点,接收消防泵启动的反馈信号,在消防泵启动点亮消火栓按钮的启泵反馈指示灯。

(4)稳高压系统中设置的消火栓按钮,其启动信号不作为启动消防泵的联动触发信号,只用来确认被使用消火栓的位置信息,因此稳高压系统中,消火栓按钮也是不能忽略的。

3. J-SAM-GST9123 型消火栓按钮

J-SAM-GST9123 型消火栓按钮为编码型,可直接接入控制器总线,占一个地址编码。消火栓按钮表面装有一按片,当启用消火栓时,可直接按下按片,此时消火栓按钮的红色启动指示灯亮,表明已向消防控制室发出了报警信息,火灾报警控制器在确认了消防水泵已启动运行后,就向消火栓按钮发出命令信号点亮绿色回答指示灯。本按钮主要具有以下特点:

(1)采用底座分离式结构设计,安装简单方便;

(2)电子编码,可现场改写;

(3)消火栓按钮为可重复使用型,采用压下报警方式,按下后可用专用钥匙复位;

(4)按下消火栓按钮按片,消火栓按钮提供的独立输出触点,可直接控制其他外部设备;

(5)采用微处理器实现对消防设备的控制,用数字信号与火灾报警控制器进行通信,工作稳定可靠,对电磁干扰有良好的抑制能力;

(6)由微处理器对运行情况进行监视,给出诊断信息。

主要技术指标

（1）工作电压：总线为 24 V

（2）监视电流≤0.8 mA

（3）报警电流≤2 mA

（4）线制：消火栓按钮与火灾报警控制器信号二总线连接，若需实现直接启泵控制，需将消火栓按钮与泵控制箱采用二线连接

（5）指示灯

启动：红色，巡检时闪亮，消火栓按钮按下时此灯点亮

回答：绿色，消防水泵运行时此灯点亮

（6）无源输出触点容量：DC30V/100 mA

（7）使用环境：温度为 -10~55 ℃，相对湿度≤95%，不结露

（8）外壳防护等级：IP65

（9）外形尺寸：95.4 mm×98.4 mm×52.5 mm（带底壳）

结构特征、安装与布线：

本消火栓按钮为红色全塑结构，分底盒与上盖两部分。底盒与上盖采用拔插式结构装配，安装拆卸简单、方便，连接紧密，非常便于工程调试及维修更换。消火栓按钮外形示意图如图 4-13 所示。

消火栓按钮外接端子示意图如图 4-14 所示。图中 Z1、Z2 为无极性信号二总线接线端子；

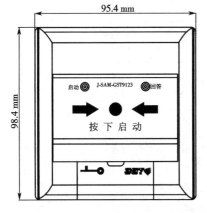

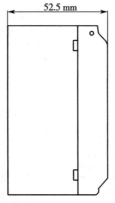

图 4-13　J-SAM-GST9123 型消火栓按钮外形示意图

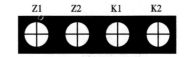

图 4-14　消火栓按钮外接端子示意图

K1、K2 为无源常开触点，用于直接启泵控制时，需外接 24 V 电源。

布线要求：信号线 Z1、Z2 采用阻燃 RVS 双绞线，导线截面≥1.0 mm^2。

消火栓按钮采用明装方式，分为进线管明装和进线管暗装：进线管暗装时只需拔下按钮，从底壳的进线孔中穿入电缆并接在相应端子上，再插好按钮即可安装好，安装示意图见图 4-15；进线管明装时只需拔下按钮，将底壳下端的敲落孔敲开，从敲落孔中穿入电缆并接在相应端子上，再插好按钮即可安装好，安装示意图见图 4-16；安装孔距为 60 mm。

应用方法：

J-SAM-GST9123 型消火栓按钮与火灾报警控制器及泵控制箱的连接可分为总线制启泵方式和多线制直接起泵方式。采用总线制起泵方式时，消火栓按钮直接和信号二总线连接，消火栓按钮总线制起泵方式应用接线示意图如图 4-17 所示。

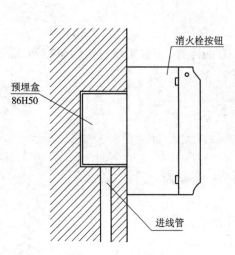

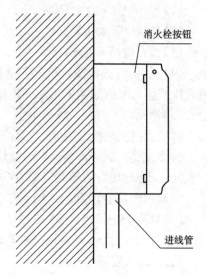

图 4-15　消火栓按钮进线管暗装示意图　　　　　**图 4-16　消火栓按钮进线管明装示意图**

　　这种方式中,消火栓按钮按下,即向控制器发出报警信号,控制器发出启泵命令并确认泵已启动后,将点亮消火栓按钮上的绿色回答指示灯。

　　采用消火栓按钮直接起泵方式应用接线示意图如图 4-18 所示。

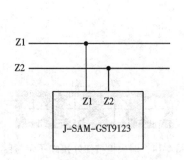

图 4-17　消火栓按钮总线制起泵
方式应用接线示意图

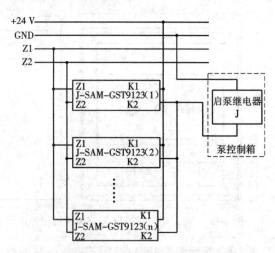

图 4-18　火栓按钮直接起泵方式应用接线示意图

　　这种方式中,消火栓按钮按下,可直接控制消防泵的启动,泵运行后,火灾报警控制器确认泵已启动后,将点亮消火栓按钮上的绿色回答指示灯。

4.3.3　消火栓泵的电气控制

　　在《高层民用建筑设计防火规范》(GB 50045—95)2005 年版中规定:临时高压给水系统的每个消火栓处应设直接启动消防水泵的按钮,并应设有保护按钮的设施。在《火灾自动报警系统设计规范》(GB 50116—2013)规定:消防水泵的控制设备当采用总线编码模块控制时,还应在消防控制室设置手动直接控制装置。消防控制室的控制设备应有消防水泵的启、停、除自动控制外,还应能手动直接控制。具体控制要求如下。

1. 连锁控制方式

消火栓使用时,应将消火栓系统出水干管上设置的低压压力开关、高位消防水箱出水管上设置的流量开关或报警阀压力开关等信号作为触发信号,直接控制启动消火栓泵,联动控制不应受消防联动控制器处于自动或手动状态的影响。

2. 联动控制方式

当设置火灾自动报警系统时,消火栓按钮的动作信号与任一火灾探测器或手动报警按钮报警信号的"与"逻辑作为启动消火栓泵的联动触发信号,由消防联动控制器联动控制消火栓泵的启动。

3. 手动控制方式

当设置火灾自动报警系统时,应将消火栓泵控制箱(柜)的启动、停止按钮用专用线路直接连接至设置在消防控制室内的消防联动控制器的手动控制盘,并应通过手动控制盘直接手动控制消火栓泵的启动、停止。

消火栓泵的动作信号应反馈至消防联动控制器。

4.4　卤化物灭火系统

在前面已介绍了几种卤代烷灭火剂,其优点已被人们所了解。卤代烷 1211、1301 灭火剂等灭火设备一般应用在不能用水喷洒且保护对象又较重要的场所,如计算机室、通信电子仪器室、电气控制室、书库、资料库、文物库以及贵重物品的特殊建筑物。这里介绍应用最广泛的"1211"灭火系统。

4.4.1　1211 钢瓶的设置

在建筑群体中,由于各工程的不同,气体灭火分区的分布是不同的。如果各灭火区彼此相邻或相距很近,1211 钢瓶宜集中设置。如各灭火区相当分散,甚至不在同一楼层,钢瓶则应分区设置。

1. 1211 钢瓶的集中设置

采用管网灭火系统,通过管路分配,钢瓶可以跨区公用。但在钢瓶间需设置钢瓶分盘,在分盘上设有区灯、放气灯和声光报警音响等。当火灾发生需灭火时,先打开气体分配管路阀门(选择阀),再打开钢瓶的气动瓶头阀,将灭火剂喷洒到火灾防护区。

2. 1211 的分区设置

这种设置方式无集中钢瓶间,自然也无钢瓶分盘,但每个区应独自设一个现场分盘。在分盘上设有烟、温报警指示灯、灭火报警音响、灭火区指示灯、放气灯等。另外,分盘上一般装有备用继电器,其触点可供在放气前的延时过程中关闭本区电动门窗、进风阀、回风阀等或关停相应的风机。

3. 1211 灭火系统灭火分区的划分的有关要求

(1)灭火分区应以固定的封闭空间来划分;

(2)当采用管网灭火系统时,一个灭火分区的防护积不宜大于 500 m²,容积不宜大于 2 000 m³;

（3）采用无管网灭火装置时，一个灭火分区的防护面积不宜大于 100 m²，容积不宜大于 300 m³，且设置的无管网灭火装置数不应超过 8 个。无管网灭火装置是将贮存灭火剂容器、阀门和喷嘴等组合在一起的灭火装置。

4.1211 气体灭火系统的类型

按配置公式可分为：有管网的组合分配系统；局部应用单元独立系统；无管网的固定灭火装置。组合分配系统是指用一套 1211 灭火剂贮存装置保护多个灭火分区（或称防护区）的灭火系统，而局部应用单元独立系统则是用一套灭火剂贮存装置保护一个灭火区（或称防护区）的灭火系统。

4.4.2 1211 气体灭火系统的工作原理

1.1211 气体灭火系统组成

由感烟、感温探测器、压力开关、压力表信号灯、警铃、安全阀、储瓶、气动瓶头阀、电磁瓶头阀、控制柜（箱）、选择阀等组成，如图 4-19 所示。

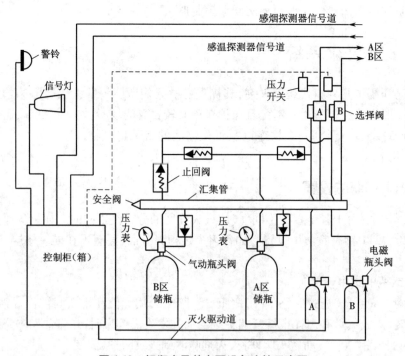

图 4-19 钢瓶室及其主要设备连接示意图

2.系统中主要器件的作用

（1）感烟、感温探测器

安在各保护区内，通过导线和分检箱与总控室的控制柜连接，及时把火警信号送入控制柜，再由控制柜分别控制钢瓶室的组合分配系统和单元独立系统。

（2）储瓶 A、B

二者均为 ZLGQ4.2/60 启动小钢瓶，用无缝钢管滚制而成。启动钢瓶中装有 60 kgf/cm² （5.88 MPa）1211 灭火剂，用于启动灭火系统。当火灾发生时，靠电磁瓶头阀产生的电磁力（也可手动）驱动释放瓶内充压氮气，启动灭火剂储瓶组（1211 储瓶组）的气动瓶头阀，将灭火剂

1211 释放到灾区,达到灭火的目的。

（3）选择阀 A、B

选择阀是用不锈钢、铜等金属材料制成,由阀体活塞、弹簧及密封图等组成,用于控制灭火剂的流动去向,可用气体和电磁阀两种方式启动,还应有备用手动开关,以便在自动选择阀失灵时,用手动开关释放 1211 灭火剂。

（4）其他器件

2 止回阀安装于汇集管上,用以控制灭火剂流动方向;

②安全阀安装在管路的汇集管上,当管路中的压力大于 $70 \pm 5 \ \text{kgf/cm}^2 [9.8 \times (0 \pm 5)/100 = 7.35 \sim 6.37 \ \text{MPa}]$ 时,安全阀自动打开,起到系统的保护作用;

③压力开关的作用是:当释放灭火剂时,向控制柜发出回馈信号。

3.1211 灭火系统的工作原理

当某分区发生火灾,感烟（温）探测器均报警,则控制柜上两种探测器报警房号灯亮,由电铃发出变调"警报"音响,并向灭火现场发出声、光警报。同时,电子钟停走记下着火时间。灭火指令须经过延时电路延时 20～30 s 发出,以保证值班人员有时间确认是否发生火灾。

将转换开关 K 至"自动"位上,假如接到 B 区发出火警信号后,值班人员确认火情并组织人员撤离。经 20～30 s 后,执行电路自动启动小钢瓶 B 的电磁瓶头阀,释放充压氯气,将 B 选择阀和止回阀打开,使 B 区储瓶和 A、B 区储瓶同时释放 1211 药剂至汇集管,并通过 B 选择阀将 1211 灭火剂释放到 B 火灾区域。1211 药剂沿管路由喷嘴喷射到 B 火灾区域,途经压力开关,使压力开关触点闭合,即把回馈信号送至控制柜,指示气体已经喷出实现了自动灭火。

将控制柜上的转换开关至"手动"位,则控制柜只发出灭火报警,当手动操作后,经 20～30 s,才使小钢瓶释放出高压氮气,打开储气钢瓶,向灾区喷灭火剂。

在接到火情 20～30 s 内,如无火情或火势小,可用手提式灭火器扑灭时,应立即按现场手动"停止"按钮,以停止喷灭火剂。如值班人员发现有火情,而控制柜并没发出灭火指令,则应立即按"手动"启动按钮,使控制柜对火灾区发火警,人员可撤离,经 20～30 s 后施放灭火剂灭火。

值得注意的是,消防中心有人值班时均应将转换开关至"手动"位,值班人离开时转换开关至"自动"位,其目的是防止因环境干扰、报警控制元件损坏产生的误报而造成误喷。其工作流程如图 2-20 所示。

4.4.3　气体灭火的系统图及平面图

在消防工程设计中,需要绘出气体灭火的系统图和平面图,因此这里给出这两种图形,以便设计使用。系统图如图 4-21 所示,平面图如图 4-22 所示。本图适用于卤代烷气体灭火系统和非卤代烷灭火系统。

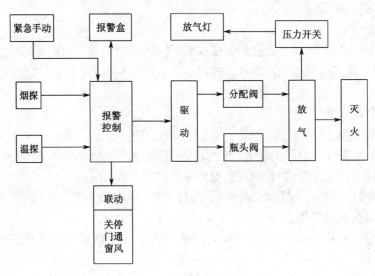

图 4-20　1211 有管网自动灭火系统工作流程

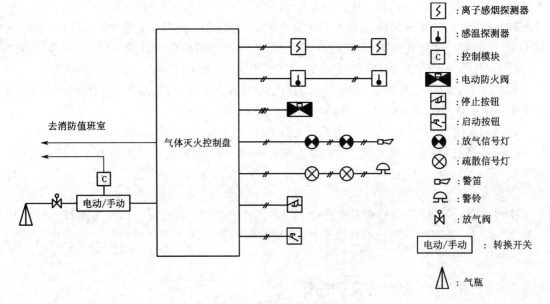

图 4-21　气体灭火系统图

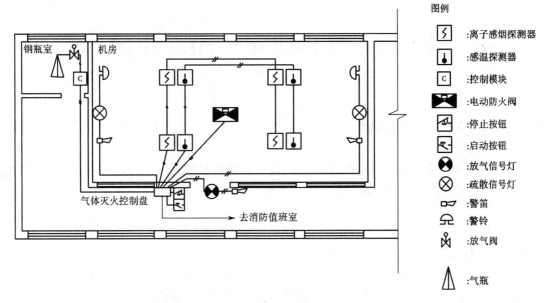

图例

⑤ :离子感烟探测器

⚫ :感温探测器

C :控制模块

✕ :电动防火阀

⊠ :停止按钮

⊠ :启动按钮

⊗ :放气信号灯

⊗ :疏散信号灯

◁ :警笛

℄ :警铃

🕱 :放气阀

△ :气瓶

图 4-22　气体灭火设备平面图(图为机房平面)

思 考 题

1. 灭火系统的类型有几种,灭火的基本方法有几种,各有什么特点?

2. 自动喷水灭火系统的功能及分类有哪些?

3. 湿式自动喷水灭火系统主要由哪几部分组成,各起什么作用,工作原理如何?

4. 水流指示器的作用?

5. 简述闭式喷头的工作原理。

6. 叙述压力开关的工作原理。

7. 末端试水装置的作用?

8. 喷淋泵的适用场合,启泵方式有几种?

9. 消防水泵的适用场合,启泵方式有几种?

10. 消火栓报警按钮和手动报警按钮有什么区别?

第5章　防排烟系统及消防电梯

5.1　防排烟控制系统

在火灾自动报警及消防联动控制系统中,防排烟系统是重要的组成部分之一。一般情况下,烟气在建筑物内的自由流动路线是着火房间→走廊→竖向梯、井等向上升展。排烟方式如下。

(1)自然排烟　自然排烟是在自然力作用下,使室内空气对流进行排烟。自然排烟又可分为开启门窗进行排烟、利用竖井自然排烟。

(2)密闭防烟　当发生火灾时,将着火房间密闭起来。这种方式多用于小面积房间,如墙、楼板属耐火结构,宜密闭性能好时,有可能应缺氧而使火势熄灭,达到防止烟气扩散的目的。

(3)机械排烟　机械排烟分为局部排烟和集中排烟两种不同系统。局部排烟是在每个房间和需要排烟的走道内设置小型排烟风机,适用于不能设置竖向烟道的场所;集中排烟是把建筑物分成若干系统,每个系统设置一台大容量的排烟风机。系统内任何部位着火时所生成的烟气,通过排烟阀口进入排烟管道,由排烟风机排至室外。排烟风机、排烟阀口应与火灾报警控制系统联动。

不同的排烟方式使用场合也有所不同,应根据暖通专业的工艺要求和有关防火规范进行设计。

防排烟设备主要包括正压风机、排烟风机、正压送风阀、防火间排烟阀、防火卷帘门和防火门等。防排烟系统一般在选定自然排烟、机械排烟、自然与机械排烟并用或机械加压送风方式后设计其电气控制,因此防排烟系统的电气控制室所确定的防排烟设备,由以下不同内容与要求组成:消防控制室能显示各种电动防排烟设备的运行情况,并能进行联锁控制和就地手动控制;根据火灾情况打开有关排烟道上的排烟口,启动排烟风机(有正压送风机时同时启动),降下有关防火卷帘及防烟垂壁,打开安全出口的电动门,与此同时关闭有关的防火阀及防火门,停止有关防烟分区内的空调系统;设有正压送风的系统则同时打开送风口、启动送风机等。

5.1.1　阀门

防火阀和排烟阀分为通风与空调系统防火阀系列和防排烟系统阀门系列。

安装在通风、空调系统管道上的防火阀,平时常开,发生火灾时,电动、手动、温度熔断器动作(动作温度宜为70 ℃)使阀门迅速关闭,切断火势和高温烟气沿管道迅速蔓延的通路,火灾后手动复位开启阀门。

1.通风与空调系统防火阀门

(1)常开,火灾时或70 ℃熔断器关闭,或失电关闭,或DC24V信号关闭,或手动关闭;

(2)关闭后是否输出电信号由消防控制方式决定;

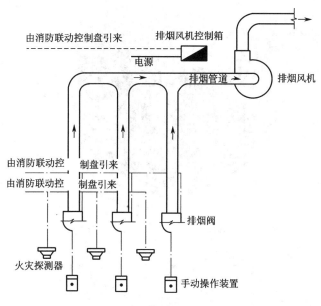

图 5-1　排烟系统示意图

（3）阀门可手动复位，电动防火阀通电时复位。

图 5-2 为空调系统防火阀结构示意图，该阀门安装在有防烟、防火要求的通风、空调系统的管道上，平时处于常开状态，火灾时关闭起到防烟阻火的作用。

1. 温控：温感器动作阀门自动关闭；

2. 电控：消防中心电信号（DC24V）电磁铁动作阀门自动关闭；

3. 手动关闭、手动复位；

4. 关闭后输出一组有源触点信号和一组无源触点信号。

若平时排风口兼作排烟口，应在各防烟分区的排烟支管上设置排烟防火阀，阻止建筑物内部空间不同部位的火势蔓延途径。排烟防火阀和正压送风阀正常为关闭状态，当火灾发生时，应控制着火区内的排烟口开启，其余排烟口全部关闭，并应与火灾报警控制器联动。其控制方式有：电动、手动、温度熔断器动作等。某些排烟阀口的动作采用温度熔断器自动控制方式，熔断器的动作温度目前常用的有 70 ℃ 和 280 ℃ 两种。即有的排烟阀口在温度达到 70 ℃ 时能自动开启，并作为报警信号，经输入模块输入火灾报警控制器，联动开启排烟风机。有的排烟阀口在温度达到 280 ℃ 时能自动关闭，并作为报警信号，经输入模块输入火灾报警控制器，联动停止排烟风机。电动控制是指当探测器报警或防火阀动作时，通过总线将报警信号送至报警控制器。报警控制器通过输入/输出模块打开相应区域内的排烟阀、送风阀，同时关闭防火分区的空调机组及电动防火阀，并启动排烟风机和正压送风机。

2. 防排烟系统防火阀门

（1）常闭，火灾时手动或电动开启；

（2）阀门带输出信号；

（3）阀门手动或电动复位。

如图 5-3 所示的排烟防火阀一般安装在排烟系统的管道上或排烟口或排烟风机吸入口处，具有排烟阀和防火阀的双重功能，平时处于常闭状态，火灾时电动打开进行排烟，当排烟气

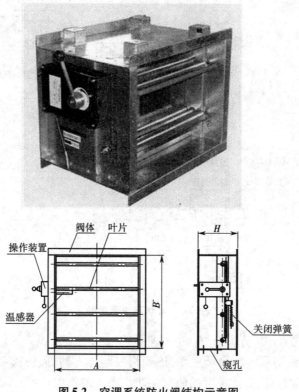

图 5-2　空调系统防火阀结构示意图

流温度达到 280 ℃吋,温感器动作将阀门关闭起到防火的作用。

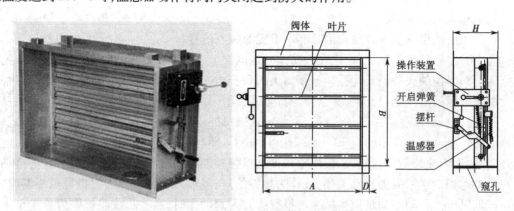

图 5-3　防排烟系统防火阀结构示意图

①电控　消防中心电信号(DC24V)电磁铁动作阀门自动开启;
②温控　温感器动作阀门自动关闭;
③手动开启、手动复位。

如图 5-4 所示阀门安装在有防烟、防火要求的通风、空调系统的管道上或安装在排烟系统的管道上。平时处于常开状态,火灾时阀门依靠操作装置内部的复位弹簧自动关闭起到防烟阻火的作用。

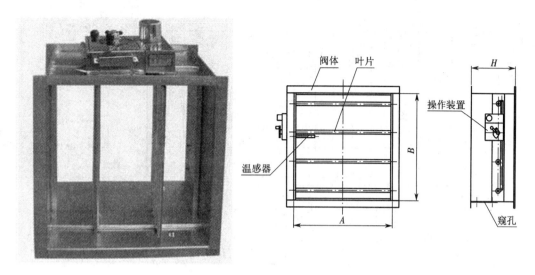

图 5-4　空调、防排烟系统防火阀结构示意图

①可手动六档调节阀门开度；

②温控：温感器动作阀门自动关闭；

③电控：消防中心电信号（DC24V）电磁铁动作阀门自动关闭，再次供电，电信号（DC24V）阀门依靠电机复位；

④手动关闭、手动复位；

⑤输出二组触点信号。

不管是哪种类型的防火阀，其控制均要求满足：

（1）与相关设备联动，防火阀与中央空调、新风机联动，排烟阀与排烟风机联动，正压送风口与正压送风机联动；

（2）均要求实现着火层及其上、下层三层联动；

（3）同一层内可能几种装置并存，火灾发生时，均要求同时动作（或相互间隔时间尽可能短）。如果同一层种各种阀门的数量较多时，可采用延时控制器，间隔 3～8 s 顺序供电，既可减轻外控电源的瞬时工作负担，又可节约联动控制点。

3. 排烟防火阀的电气控制

图 5-5 为排烟防火阀电气原理图。该电路一般装于消防控制中心的控制柜内。图中 1A…nA、1B…nB、1C…nC、1D…nD 四个端子，分别接在各个位置的排烟相应端子上。

火情发生时，由感烟探测器发回报警信号，火情确认后，由值班人员，按动相应位置阀门按钮 SB1…SBn 时，则 DC24V 通过电缆使阀门开启电磁铁 YA 得电吸合。阀门开启后，阀内微动开关 SM1 动作，其动合点闭合、动断点断开，使 1A－1B 断开，1B－1C 接通，使该位置继电器 K1 得电吸合，指示灯 HL1 发光。排烟防火阀至排烟风机、空调机电气连锁点如图 5-6 所示，K1 得电吸合后，使排风机控制电路得电，而开始排风。动断点 K1 断开，而使空调风机停止。以上动作程序，如在现场拉动拉绳，动作结果相同。

当阀门内气流温度上升至 280 ℃ 时，防火阀内熔断片熔化，阀门自动关闭，其微动开关 SM1 复原，但控制柜内继电器，由于 K1（1B－1C）自锁仍处在得电吸合位置，但停排风继电器

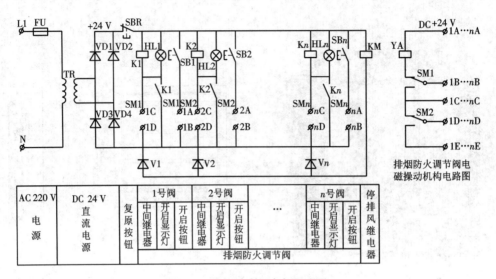

图 5-5　排烟防火阀电气原理图

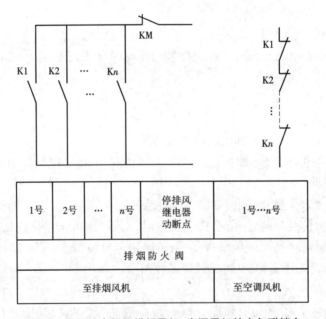

图 5-6　排烟防火阀至排烟风机、空调风机的电气联锁点

KM 线圈"—"端,通过二极管 V1 和排烟防火阀 1C - 1D 端触点至电源"—"端,而使 KM 得电吸合,其 KM 动断点断开,致使排风机停止。

当火情排除后,火灾解除功能复原,所有动作过的继电器,仍处在自锁状态,此时位置指示灯 HL1 仍发光,空调风机不能启动,此时应做以下检查:

(1)检查信号电缆有无烧毁;

(2)更换熔断片;

(3)阀门手动复位;

(4)按控制柜复位按钮 SBR,继电器就可恢复正常。

5.1.2　风机

送风机和排烟风机多采用三相异步电动机拖动,在高层建筑中,送风机通常安装在建筑物的二、三层或下技术层,排烟风机则安装在建筑物的顶层或上技术层。正压送风阀和排烟阀则安装在建筑物的过道、消防电梯前室、疏散楼梯间或无窗房间的排烟系统中。根据《火灾自动报警系统设计规范》中的规定,排烟风机的启、停除自动控制外,还应有手动控制,并且,在正常情况下,排烟风机的选择开关应置于"自动"位置。

图 5-7　排烟风机

1. 排烟风机的电气控制

排烟风机启动流程图如图 5-8 所示。

排烟风机的主电路如图 5-9 所示,排烟风机的控制电路如图 5-10 所示。

火灾发生时,与消防系统连接的消防外控常开触点 K 闭合,中间继电器 KA1 通电,其常开触点 KA1 闭合,接触器 KM 线圈通电,主触头吸合,排烟风机启动。当烟气温度达到 280 ℃时,排风口处的 280 ℃防火阀控制机构熔丝熔断,防火阀关闭,其联动外控动合触点 K1 闭合,中间继电器 KA0 通电,其常闭触点 KA0 打开,接触器 KM 线圈断电,主触头断开,排烟风机停止运转。

由于排烟风机过负荷热继电器只报警不动作于跳闸,当排烟风机发生过负荷时,热继电器 KH 闭合,中间继电器 KA2 通电,发出声、光报警信号。可通过复位按钮 SF2 关闭警铃。启动按钮 SF 引出线为排烟风机的控制接线,引至消防控制室,作为消防应急控制。

2. 正压风机的电气控制

正压风机的启、停控制有"自动"和"手动"两种控制方式。正常情况下,正压风机的选择开关 SA 置于"自动"位置。其主电路图如图 5-11 所示,控制电路图如图 5-12 所示。火灾发生时,接入消防控制系统的常开触点 K 闭合,中间继电器 KA1 通电,其常开触点闭合,接触器 KM 线圈通电,正压风机启动。操作控制按钮 SS 可使正压风机停止运转。

根据国家强制性条文规定,正压风机过负荷热继电器只报警不动作于跳闸。当正压风机发生过负荷时,热继电器 KH 闭合,中间继电器 KA2 通电,发出声、光报警信号。可通过复位按钮 SF2 关闭警铃。启动按钮 SF 引出线为正压风机的控制接线,引至消防控制室,作为消防

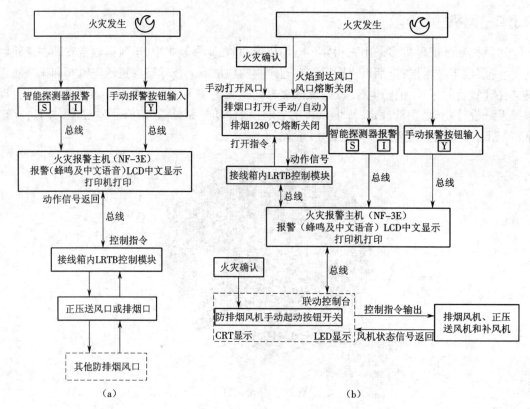

图 5-8　排烟风机启动流程图

(a)防排烟风口启动流程图;(b)正压排烟风机启动流程图(直控式)

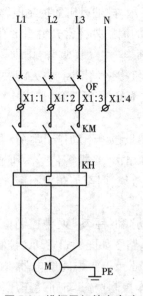

图 5-9　排烟风机的主电路

应急控制。

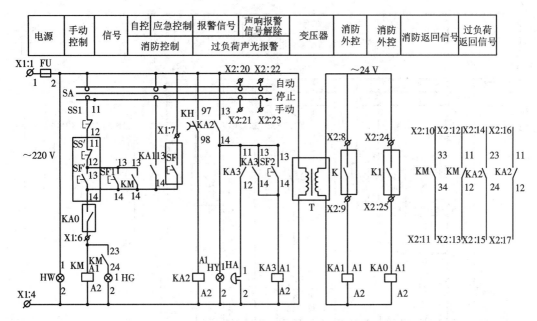

图 5-10　排烟风机控制电路

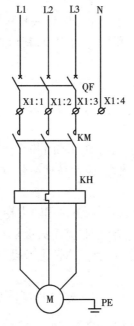

图 5-11　正压风机的主电路

5.1.3　防火门、防火卷帘

在发生火灾时,为了防止火灾蔓延扩散而威胁到相邻建筑设施和人员的生命财产安全,需要采取分隔措施,把火灾损失降低到最低限度。常用的防火分隔措施有防火墙、防火楼板、防火门和防火卷帘门等。

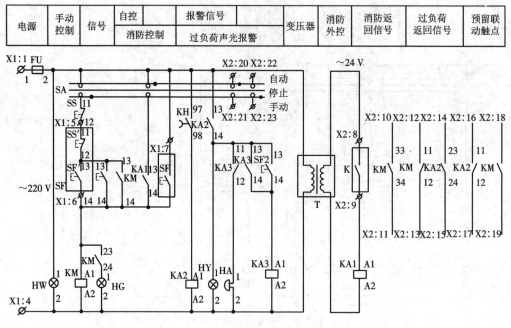

图 5-12　正压风机控制电路

根据《高层民用建筑设计防火规范》(GB 50045—95)规定:

5.4.1　防火门、防火窗应划分为甲、乙、丙三级,其耐火极限:甲级应为 1.20 h;乙级应为 0.90 h;丙级应为 0.60 h。

5.4.2　防火门应为向疏散方向开启的平开门,并在关闭后应能从任何一侧手动开启。用于疏散的走道、楼梯间和前室的防火门,应具有自行关闭的功能。双扇和多扇防火门,还应具有按顺序关闭的功能。

常开的防火门,当发生火灾时,应具有自行关闭和信号反馈的功能。

5.4.3　设在变形缝处附近的防火门,应设在楼层数较多的一侧,且门开启后不应跨越变形缝。

5.4.4　在设置防火墙确有困难的场所,可采用防火卷帘作防火分区分隔。当采用包括背火面温升作耐火极限判定条件的防火卷帘时,其耐火极限不低于 3.00 h;当采用不包括背火面温升作耐火极限判定条件的防火卷帘时,其卷帘两侧应设独立的闭式自动喷水系统保护,系统喷水延续时间不应小于 3.00 h。

5.4.5　设在疏散走道上的防火卷帘应在卷帘的两侧设置启闭装置,并应具有自动、手动和机械控制的功能。

1. 防火门

防火门按其结构分为平开单扇门和平开双扇门;按其耐火极限分甲、乙、丙三级,分别为 1.2 h、0.9 h、0.6 h;按其燃烧性能分非燃烧体防火门和难燃烧体防火门。甲级防火门一般适用于防火墙及防火分割墙上,乙级防火门适用于封闭的楼梯间、单元住宅内、开向公共楼梯间的户门等,丙级防火门适用于电缆井、管道井、排烟道等管井壁上,当作检查门。

建筑构件的耐火极限是指构件在标准耐火试验中,从受到火的作用时起,到失去稳定性、完整性、绝热性为止的这段时间,一般用小时(h)表示。

建筑构件的耐火性能包括其组成材料的燃烧性能和构件的耐火极限两部分内容。根据建筑材料在明火或高温作用下的变化特征,我国把建筑构件的燃烧性能分为非燃烧体、难燃烧体和燃烧体三种。

(1)非燃烧体是指用非燃烧材料做成的构件非燃烧材料是指在空气中受到火烧或高温作用时不起火、不燃烧、不炭化的材料。

(2)难燃烧体难燃烧体是指用难燃烧材料做成的构件。难燃烧体是指在空气中受到火烧或高温作用时难起火、难微燃、雄炭化,当火源移走后,燃烧或微燃立即停止的材料,如沥青混凝土、水泥刨花板等。

(3)燃烧体燃烧体是指用燃烧材料做成的构件。燃烧材料是指在空气中受火烧或高温作用时立即起火燃烧,且火源移走后仍继续燃烧或微燃的材料,如木材等。

非燃烧体防火门构造如图5-13所示。

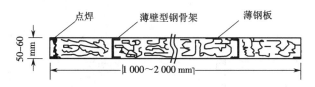

图5-13 非燃烧体防火门构造示意图

采用薄壁型钢作骨架,在骨架两面钉1~1.2 mm厚的薄铁板,内填矿棉或玻璃棉。

当矿棉或玻璃棉达5.5~6.0 cm厚时,耐火极限可达1.5 h。

当矿棉或玻璃棉达3~3.5 cm厚时,耐火极限可达0.9 h以上。

当矿棉或玻璃棉改为5.5~6.0 cm厚空气层时,耐火极限可达0.6 h。

难燃烧体防火门构造如图5-14所示。

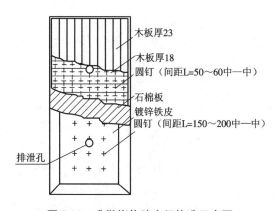

图5-14 难燃烧体防火门构造示意图

以双层木板为里,外包石棉板和铁皮制作,且应设置排泄孔,排泄孔宜做成圆孔,直径为

$$D = 6\sqrt{F}$$

式中 F 为整个门扇的面积。

防火门在建筑中的状态是,平时(无火灾时)处于开启状态,火灾时控制使其关闭。门上设置的自动关门装置有两种,一种是由装有低熔点合金的重锤拉住防火门扇,其平时为开启状

态,当发生火灾时,低熔点合金受热熔化,拉门的重锤落下,防火门便可自行关闭;另一种防火门是采用电力驱动装置,也称电动防火门,由火灾自动报警联动控制。根据设计规范要求,防火门的两侧应装设不同类型的专用火灾探测器,当火灾发生使防火门两侧的感烟探测器和感温探测器报警时,火灾报警控制器可发出指令,通过回路总线上的控制模块联动控制防火门驱动装置动作,使防火门关闭,同时将其关闭信号反馈至消防值班室中的主机加以显示。其驱动装置是指在防火门上配有的相应的闭门器及释放开关,其示意图如图5-15所示。驱动装置的工作方式按其固定方式和释放开关分为两种:一种是平时通电,火灾时断电关闭方式,即防火门释放开关平时通电吸合,使防火门处于开启状态,火灾时通过联动装置自动控制加手动控制切断电源,由装在防火门上的闭门器使之关闭;另一种是平时不通电,火灾时通电关闭方式,即通常将电磁铁、油压泵和弹簧制成一个整体装置,平时不通电,防火门被固定销扣住呈开启状态,火灾时受联锁信号控制,电磁铁通电将销子拔出,防火门靠油压泵的压力或弹簧力作用而慢慢关闭。

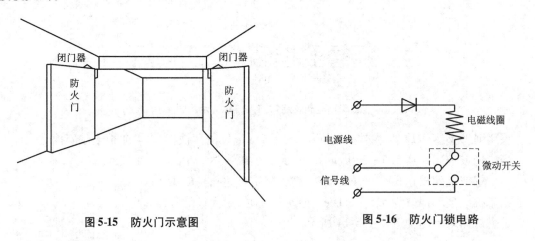

图 5-15　防火门示意图　　　　　　　　图 5-16　防火门锁电路

2. 防火卷帘

当设置防火墙或防火门有困难时,可设防火卷帘,一般主要用于商场、营业厅、建筑物内中庭以及门洞宽度较大的场所。防火卷帘设置在建筑物中防火分区通道门处,可形成门帘或防火分隔。防火卷帘按帘板厚度不同区分为轻型卷帘和重型卷帘,轻型卷帘用厚度为 0.5 ~ 0.6 mm 的钢板制成,重型卷帘用厚度为 1.5 ~ 1.6 mm 的钢板制成;按开启方向分可分为上下开启式、横向开启式、水平开启式,前两者用于门窗洞口和房间内的分割,后者用于楼板孔道或电动扶梯隔间的顶盖;按卷帘卷起的方法可分为手动式和电动式;按耐火极限可分为普通型防火卷帘门和复合型防火卷帘门,前者耐火极限有 1.5 h 和 2 h 两种,后者耐火极限有 2.5 h 和 3 h 两种;按帘板构造分为普通型钢质防火卷帘和复合型钢质防火卷帘,前者帘板由单片钢板制成,耐火极限有 1.5 h 和 2 h 两种,后者帘板由双片钢板制成,中间加隔热材料,耐火极限有 2.5 h 和 3 h 两种。

防火卷帘由帘板、导轨、传动装置、控制机构组成。与防火门要求相同,防火卷帘门两侧也应装设不同类型的专用火灾探测器和设置手动控制按钮及人工升降装置。

当发生火灾时,感烟探测器首先报警,经火灾报警控制器通过回路总线上的控制模块联动控制其下降到距地 1.8 m 处停止,感温探测器再报警后,经火灾报警控制器联动控制其下降到底。卷帘电动机的规格一般为三相 380 V,0.55 ~ 1.5 kW,视门体大小而定。控制电路为直流 24 V。

(1)电动防火卷帘门组成

电动防火卷帘门安装示意如图 5-17 所示,防火卷帘门控制程序如图 5-18 所示,防火卷帘电气控制如图 5-19 所示。

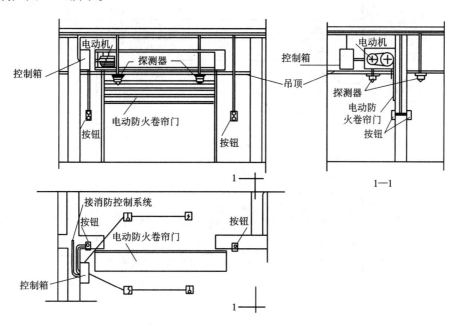

图 5-17　防火卷帘门安装示意

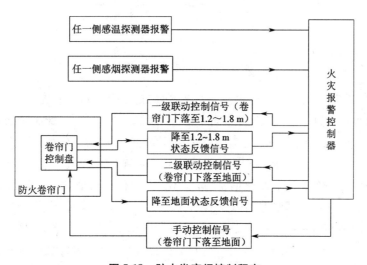

图 5-18　防火卷帘门控制程序

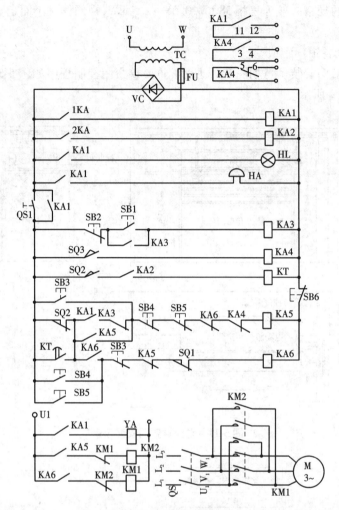

图 5-19 防火卷帘电气控制

正常时卷帘卷起,且用电锁锁住,当发生火灾时,卷帘门分两步下放。

第一步,当火灾初期产生烟雾时,来自消防中心的联动信号(感烟探测器报警所致)使触点 1KA(在消防中心控制器上的继电器因感烟报警而动作)闭合,中间继电器 KA1 线圈通电动作:(1)使信号灯 HL 亮,发出报警信号;(2)电警笛 HA 响,发出声报警信号;(3)KA1$_{11-12}$号触头闭合,给消防中心一个卷帘启动的信号(即 KA1$_{11-12}$号触头与消防中信号灯相接);(4)将开关 QS1 的常开触头短接,全部电路通以直流电;(5)电磁铁 YA 线圈通电打开锁头,为卷帘门下降作准备;(6)中间继电器 KA5 线圈通电,将接触器 KM2 线圈接通,KM2 触头动作,门电机反转,卷帘下降,当卷帘下降到距地 1.2 ~ 1.8 m 定点时,位置开关 SQ2 受碰撞而动作,使 KA5 线圈失电,KM2 线圈失电,门电机停,卷帘停止下放(现场中常称中停),这样即可隔断火灾初期的烟,也有利于灭火和人员逃生。

第二步,当火势增大,温度上升时,消防中心的联动信号接点 2KA(安在消防中心控制器上且与感温探测器联动)闭合,使中间继电器 KA2 线圈通电,其触头动作,使时间继电器 KT 线圈通电。经延时(30 s)后其触点闭合,使 KA5 线圈通电,KM2 又重新通电,门电机又反转,卷帘继续下放,当卷帘落地时,碰撞位置开关 SQ3 使其触点动作。中间继电器 KA4 线圈通电,其常闭触点断开,使 KA5 失电释放,又使 KM2 线圈失电,门电机停止。同时 KA4$_{3-2}$ 号、KA4$_{5-6}$ 号触头将卷帘门完全关闭信号(或称落地信号)反馈给消防中心。

(2)卷帘上升控制

当火扑灭后,按下消防中心的卷帘卷起按钮 SB4 或现场就地卷起按钮 SB5,均可使中间继电器 KA6 线圈通电,使接触器 KMl 线圈通电,门电机正转,卷帘上升。当上升到顶端时,碰撞位置开关 SQ1 使之动作,使 KA6 失电释放,KMl 失电,门电机停止,上升结束。开关 SQl 用手动开、关门,而按钮 SB6 则用于手动停止卷帘升和降。

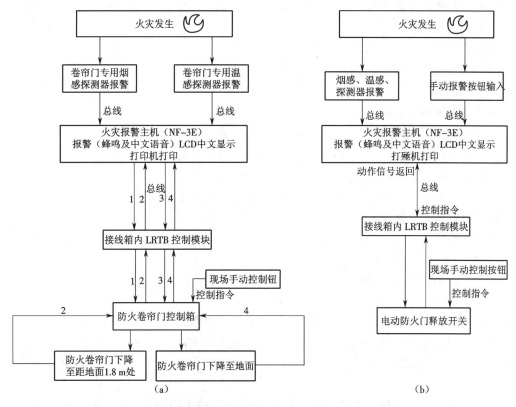

图 5-20　卷帘门启动流程图

(a)防火卷帘门设备火灾联动流程图;(b)防火门火灾联动流程图
1—防火卷帘门下降至距地 1.8 m 处指令;2—防火卷帘门下降至距地 1.8 m 处信号返回;
3—防火卷帘门下降至地面指令;4—防火卷帘门下降至地面信号返回

5.2　消防电梯

5.2.1　电梯运行盘及其控制

电梯是高层建筑纵向交通的工具,消防电梯则是在发生火灾时供消防人员扑救火灾和营救人员用的。火灾时,无特殊情况下不用一般电梯作疏散,因为这时电源无把握,因此对电梯控制一定要保证安全可靠。

消防控制室在火灾确认后,应能控制电梯全部停于首层,并接收其反馈信号。电梯的控制有两种方式;一是将所有电梯控制显示的副盘设在消防控制室,消防值班人员随时可直接操作,另一种是消防控制室自行设计电梯控制装置,火灾时,消防值班人员通过控制装置,向电梯机房发出火灾信号和强制电梯全部停于首层的指令。同时电梯的常用控制按钮失去效用。

5.2.2 消防电梯的设置场所及数量

《高层民用建筑设计防火规范》(GB 50045—95)规定如下。

1. 消防电梯的设置场所

(1)一类公共建筑;

(2)塔式住宅;

(3)十二层及十二层以上的单元式住宅和通廊式住宅;

(4)高度超过 32 m 的其他二类公共建筑。

2. 消防电梯的设置数量

(1)当每层建筑面积不大于 1 500 m^2 时,应设 1 台;

(2)当大于 1 500 m^2 但小于或等于 4 500 m^2 时,应设 2 台;

(3)当大于 4 500 m^2 时,应设 3 台;

(4)消防电梯可与客梯或工作电梯兼用,但应符合消防电梯的要求。

3. 消防电梯的设置规定

消防电梯的设置应符合下列规定:

(1)消防电梯的载质量不应小于 800 kg;

(2)消防电梯轿厢内装修应采用不燃材料;

(3)消防电梯宜分别设在不同的防火分区内;

(4)消防电梯轿厢内应设专用电话,并应在首层设供消防队员专用的操作按钮;

(5)消防电梯间应设前室,其面积:居住建筑不应小于 4.50 m^2,公共建筑不应小于 6.00 m^2。当与防烟楼梯间合用前室时,其面积:居住建筑不应小于 6.00 m^2;公共建筑不应小于 10 m^2;

(6)消防电梯井、机房与相邻其他电梯井、机房之间应采用耐火极限不低于 2.00 h 的隔墙隔开,当在隔墙上开门时,应设甲级防火门;

(7)消防电梯间前室宜靠外墙设置,在首层应设直通外室的出口或经过长度不超过 30 m 的通道通向室外;

(8)消防电梯间前室的门,应采用乙级防火门或具有停滞功能的防火卷帘;

(9)消防电梯的行驶速度,应按从首层到顶层的运行时间不超过 60 s 计算确定;

(10)动力与控制电缆、电线应采取防水措施;

(11)消防电梯间前室门口宜设挡水设施。消防电梯的井底应设排水设施,排水井容量不应小于 2.00 m^3,排水泵的排水量不应小于 10 L/s。

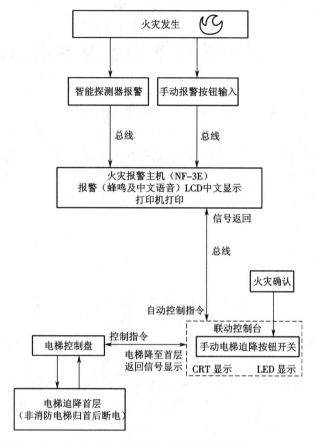

图 5-21　电梯火灾联动流程图

思 考 题

1. 防排烟系统有哪些设施,各自的功能是什么?
2. 防火卷帘的控制方式是什么?
3. 消防电梯和普通客梯在发生火灾时的控制方式有什么不同?
4. 防火门的耐火等级如何定义的?
5. 火灾时各防排烟设施是如何联动?

第6章　火灾应急广播系统及专用通信系统

现代建筑越来越趋于高层化、大型化、复杂化和多功能化,火灾时由于现场人员密集、逃生通道较长、人员对环境不熟悉,给逃生造成了很大困难。为了便于逃生和灭火,消防系统在设置探测器和自动报警装置的基础上,还应设置疏散引导体系,火灾时为慌乱中的人们提供应急照明、火灾信息和指引逃生方向,并指挥消防人员有序灭火。本章中即将要介绍的火灾应急广播系统、消防专用通信系统以及下一章中将要介绍的应急照明系统就属于疏散引导体系中的重要组成部分。

6.1　火灾应急广播系统

火灾时,为了有效地组织人员疏散,指挥消防人员有序灭火,需要设置火灾应急广播系统,应急广播控制柜宜在消防控制中心与报警控制器配套设置。

为使工作、学习和生活环境舒适、愉快,在一些学校、工厂、商场、宾馆和高级公寓内,目前一般都设置背景音响系统,播放背景音乐或播发一些通知。这样,常常在一座大楼内往往同时存在两个功能、目的和要求不同的广播系统,但由于二者同属于广播系统,有着密切的联系,所以不可能完全相互独立。现在工程上常用的做法是:在对背景音响广播要求不高的场所,使背景音响广播系统和火灾应急广播系统合二为一、相互兼容。在公关建筑内的扬声器和一些配线系统中,设置广播切换控制电路,平时使广播系统工作在一般公共广播状态,播放音乐和播放通知;当火灾发生时,系统被强行切换到火灾应急广播的状态,播发火灾信息,指挥人员疏散或指挥灭火。采用这种方式可以节省大量投资,减少设备和简化电路。

背景音响广播和火灾应急广播合称为公共广播系统。

6.1.1　公共广播系统的组成

一个完整的广播系统要由节目源、信号放大和处理设备、传输线路、扬声器及辅助设备等几个部分组成,如图6-1所示。

图6-1　广播系统的基本组成

1.节目源

节目源设备有 CD/MP3 播放器、数字调谐器、录音卡座、智能广播控制器等,此外还应有传声器(话筒)。在消防应急广播系统中,特定人员可以通过话筒或通过系统预先设定的电脑语言,向现场人员自动传达火灾信息。

2. 信号放大和处理设备

信号放大和处理设备主要包括调音台、前置放大器、功率放大器和各种控制器及音响加工设备,是整个音响系统的控制中心。这部分的主要任务是信号放大和信号选择。调音台和前置放大器的作用是完成信号的选择和前置放大。此外还要对音色、音量及音响效果进行各种调整和控制。有时,为了更好地进行频率均衡和音色美化,还需要另外单独接入均衡器。功率放大器则将前置放大器或调音台送来的信号进行功率放大,通过传输线路推动扬声器放声。火灾时,消防值班人员手动或系统自动接通消防备用电源,接入消防广播信号,并控制接通有关楼层的消防广播线路。

3. 传输线路

传输线路将功率放大后的信号送往扬声器。对于距功率放大器与扬声器较近的场所(如礼堂、剧场、歌舞厅),其广播系统一般采用低阻、大电流的直接馈送方式,即传输线为喇叭线,采用截面较大的粗线。对于公共广播系统,由于区域广、距离长,为了减少传输线路引起的损耗,往往要求采用高压传输方式,采用绝缘强度较好的多股护套安装线,这种方式通常也称为定压式传输。

4. 扬声器系统

扬声器的作用是将音频电能转换成相应的声能。由于从音响发出的声音要直接放送到人耳中,所以其性能指标将影响到整个放声系统的质量好坏。公共广播系统对音色要求一般不高,根据环境的不同,扬声器可选用吸顶喇叭、壁挂音箱或音柱等。火灾应急广播系统的扬声器不允许加开关,与背景音响系统合用而需要加开关或音量调节器时,应采用三线制配线,火灾时由控制线路强制扬声器直接接通电源,使开关或音量调节器失效,确保扬声器进行火灾广播。

5. 辅助设备

为了满足不同客户的需求,在公共广播工程中,通常需配备相应的辅助设备,如电源时序器、数显监听器、主/备功放切换器和分区器等设备,完善系统功能。

6.1.2　火灾应急广播系统的设计原则

根据《火灾自动报警系统设计规范》(GB 50116—2013)规定,火灾应急广播系统的设置应符合下列要求。

火灾自动报警系统应设置火灾声光警报器,并应在确认火灾后启动建筑内的所有火灾声光警报器。未设置消防联动控制器的火灾自动报警系统,火灾声光警报器应由火灾报警控制器控制;设置消防联动控制器的火灾自动报警系统,火灾声光警报器应由火灾报警控制器或消防联动控制器控制。公共场所宜设置具有同一种火灾变调声的火灾声警报器;具有多个报警区域的保护对象,宜选用带有语音提示的火灾声警报器;学校、工厂等各类日常使用电铃的场所,不应使用警铃作为火灾声警报器。火灾声警报器设置带有语音提示功能时,应同时设置语音同步器。

同一建筑内设置多个火灾声警报器时,火灾自动报警系统应能同时启动和停止所有火灾声警报器的工作。火灾声警报器单次发出火灾警报时间宜为 8 ~ 20 s。同时设有消防应急广播时,火灾声警报器与消防应急广播交替循环播放。

集中报警系统和控制中心报警系统应设置消防应急广播。消防应急广播系统的联动控制信号应由消防联动控制器发出。当确认火灾后,应同时向全楼进行广播,选用功放的功率应满足所有同事启动扬声器的工作要求,不需设置备用功放。

消防应急广播的单次语音播放时间宜为 10 ~ 30 s,应与火灾声警报器分时交替工作,可采取 1 次声警报器播放、1 次或 2 次消防应急广播播放的交替工作方式循环播放。

在消防控制室应能手动或按预设控制逻辑联动控制选择广播分区、启动或停止应急广播系统,并应能监听消防应急广播。在通过传声器进行应急广播时,应自动对广播内容进行录音,在此期间应联动停止火灾声警报。消防控制室内应能显示消防应急广播的广播分区的工作状态。消防应急广播与普通广播或背景音乐广播合用时,应具有强制切入消防应急广播的功能。

6.1.3　火灾应急广播系统的设计

1. 火灾应急广播的组成

图 6-1 所示是广播系统的基本组成形式,这个简易系统能实现发布语音广播、背景音乐广播、广播新闻,可与 CD/MP3 播放器、录音卡座、数字调谐器等设备相连接,但不具备消防应急广播的条件,例如无法进行分区报警、扬声器没有实现三线制控制、与消防报警控制系统无联动等。满足消防应急广播要求的公共广播系统的典型结构如图 6-2 所示。

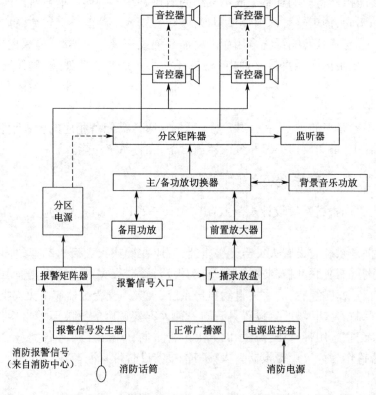

图 6-2　含火灾应急广播的典型公共广播系统结构

(1)广播录放盘

公共广播系统的配套产品之一,发生火灾时,它与定压功率放大器、音箱等组成事故广播系统,完成外线、话筒、固态录音机的事故广播,同时自动将三种播音方式进行录音,是应急广播系统中的前置音源及系统启动的中心控制设备。

（2）报警矩阵器

消防应急广播与消防控制中心的接口。发生火灾时,报警控制器发出着火分区的火警信号,报警矩阵器能根据预编程序,自动强行使报警区及其相邻区的公共广播系统进入火灾应急广播系统的工作状态,并使有音控的扬声器强行直通电源,绕过音量控制和开关环节。在警报启动时,报警信号发生器也被激活,自动地向警报区发送警笛或预先固化的告警录音,也可用消防话筒实时指挥现场运作,并且消防话筒具有最高优先权,能抑制包括警铃在内的所有信号。

（3）备用功率放大器

火灾时或主放有故障时,能自动切换至备用功放,提高系统的可靠性。备用功放也可支持背景音乐,如果背景音乐的广播扬声器总量较多,须配置容量相当的备用功放。

（4）消防电源

有两路交流 220 V 和一路直流备用蓄电池输入,输出为交流 220 V 和直流 24 V 各一路,实现不间断供电。

2. 音量开关控制

公共广播系统平时作为背景音响系统,播放背景音乐和发布新闻等,用户可以根据需要进行选台、调解音量或关闭广播,但一旦发生火灾,系统应立即转入火灾应急广播工作状态,强制扬声器以最大声音进行火灾信息播放。

控制过程为:公共广播系统一旦收到消防信号,立刻由触发继电器启动紧急广播控制器,将消防音源通过功率放大器送到各个区域,以信号的最大值播放,提高收听的音量,即使此时紧急广播扬声器处于关闭状态,也将会被强制打开,并以最大音量广播,典型控制电路如图 6-3 所示。正常广播时,继电器 J 处于失电状态,其常闭触点闭合,扬声器接在正常广播线路上,用户可以任意选台、调解音量或关闭广播。火灾时,在控制信号作用下继电器 J 得电,其常闭触点断开,常开触点闭合,扬声器接在消防线路上,正常广播线路上的频段选择和音量调节开关失效,强制扬声器以最大音量播放火灾信息。

3. 消防应急广播的线制

（1）总线制

总线制消防应急广播系统由消防控制中心的广播设备、火灾报警控制器、消防应急广播模块及现场扬声器等设备组成,各设备工作电源由消防控制系统电源统一提供。系统在总线基础上,通过控制专用消防广播切换模块,来实现广播工作状态的切换和控制,系统如图 6-4 所示。

（2）多线制

多线制广播系统由多线制广播切换盘和现场扬声器等设备组成,每个广播分区有独立的广播线与现场扬声器设备相连,通过广播切换盘和独立线路,对各广播分区的广播工作状态进行切换和控制,系统如图 6-5 所示。

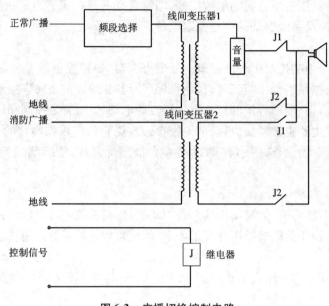

图 6-3　广播切换控制电路

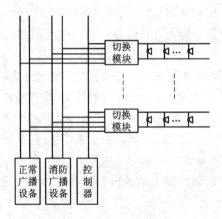

图 6-4　总线制广播系统

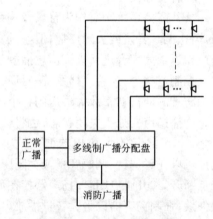

图 6-5　多线制广播系统

6.2　消防专用通信系统

消防电话系统是一种消防专用的通信系统,现场人员可通过现场内的专用电话系统快速、及时、准确地与消防控制中心联系,且无需拨号,举机即可接通,这样便于人员紧急情况下使用,并能为组织人员灭火和逃生赢得时间。消防控制中心可以通过专用电话快速、及时、准确地呼叫现场分机,可迅速实现对火灾的人工确认,并可及时掌握火灾现场情况及进行其他必要的通信联络。消防控制室除设有专用的火警电话总机外,还应设有供拨"119"火警电话的电话机,并增设一条用作直拨"119"的专用电话线。

6.2.1　基本概念

1. 消防电话

消防电话是指用于消防控制室与建筑物各部位之间通话的电话系统。由消防电话总机、消防电话分机、消防电话插孔构成。消防电话是与普通电话分开的专用独立系统,一般采用集中式对讲电话。

2. 消防电话总机

在多线制消防电话系统中,每一部固定式消防电话分机占用消防电话主机的一路;总线制消防电话总机是一种新型的火警通信设备,通过两总线、24 V电源线与电话模块、电话插孔、电话分机一起构成火灾报警通信系统。

3. 消防电话分机

固定式消防电话分机有被叫振铃和摘机通话的功能,与消防电话主机配合使用;手提式消防电话分机插入插孔即可呼叫主机,便于携带。

6.2.2　消防通信系统的制式

消防通信系统分为总线制和多线制两种方式,由于工作方式的不同,两种系统所需要的设备及它们的应用方法都有所区别。

1. 多线制消防通信系统

多线制消防通信系统由设置在消防控制中心的多线制消防电话主机、电话插孔和电话分机构成,按实际需要的不同,主机的容量也不同。在多线制消防电话系统中,每一部电话分机占用电机主机的一个回路,采用独立的两根电话线与电话主机连接,电话插孔可并联使用,并联的数量不限。并联的电话插孔仅占消防主机的一路,也采用独立的两根线与主机相连。系统简图如图6-6所示。该系统的优点是:消防电话系统相对独立,消防电话主机与电话分机之间的呼叫方式是直通的,中间没有其他转接设备,系统可靠性相对较高。但由于每部电话分机或电话插孔均采用独立的两根电话线与电话主机相连,因此消防电话系统的容量受到限制,系统布线较为复杂、管线较多、施工与维护较为困难,这是多线制消防通信系统的主要缺点。

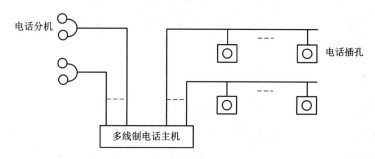

图6-6　多线制电话系统

2. 总线制消防通信系统

总线制消防通信系统由设置在消防控制中心的总线制消防电话主机、火灾报警控制器、现场模块、电话插孔和电话分机构成。现场模块是一种编码模块,直接与火灾报警控制器的地址和电源总线相连,通过接入消防电话总线,实现电话语音信号的传送。这种系统的设计思想是利用火灾报警控制器的地址总线,通过现场编码模块,实现每一部电话分机均有一个固定的地址编码,电话主机呼叫电话分机是通过火灾报警控制器实现的,系统如图6-7所示。这种系统的特点是:由于利用了报警控制器的地址编码来实现电话分机的区分,因此消防电话系统的容量仅受报警控制器地址编码点容量的限制,消防电话系统只需提供两根电话总线,能够使整个消防电话系统的布线大大简化,设计与施工较为方便,降低了工程造价。

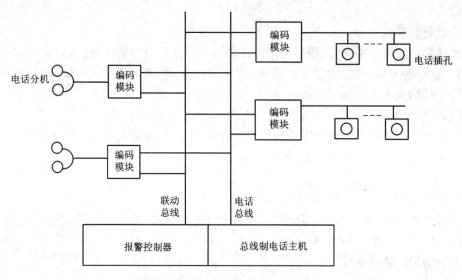

图6-7　总线制电话系统

系统主要功能有:

(1)分机可呼叫主机,无需拨号,通过主机允许可以与主机通话;

(2)主机可呼叫任一分机,分机之间通过主机允许也可相互通话;

(3)电话插孔可以任意扩充;

(4)摘下固定分机或将电话分机插孔都视为分机呼叫主机;

(5)主机呼叫固定分机可通过报警控制器启动;

(6)可通过相应的模块来实现分机振铃振动。

消防专用通信系统应为独立的通信系统,不得与其他系统合用,供电装置应选用带蓄电池的电源装置,要求不间断供电。

6.2.3　设计要求

1.消防专用电话网络应为独立的消防通信系统。

2.消防控制室应设置消防专用电话总机。

3.多线制消防专用电话系统中的每个电话分机应与总机单独连接。

4.电话分机或电话插孔的设置规定

(1)消防水泵房、发电机房、配变电室、计算机网络机房、主要通风和空调机房、防排烟机房、灭火控制系统操作装置处或控制室、企业消防站、消防值班室、总调度室、消防电梯机房及其他与消防联动控制有关的且经常有人值班的机房应设置消防专用电话分机。消防专用电话分机,应固定安装在明显且便于使用的部位,并应有区别于普通电话的标识。

（2）设有手动火灾报警按钮或消火枪按钮等处,宜设置电话插孔,并宜选择带有电话插孔的手动火灾报警按钮。

（3）各避难层应每隔20 m设置一个消防专用电话分机或电话插孔。

（4）电话插孔在墙上安装时,其底边距地面高度宜为1.3~1.5 m。

5.消防控制室、消防值班室或企业消防站等处,应设置可直接报警的外线电话。

思 考 题

1.火灾应急广播系统由哪些设备组成?

2.火灾应急广播的设置场所及相关要求有哪些?

3.火灾应急广播接通的顺序控制方式是怎样的?

4.消防专用电话的设置场所及原则是什么?

第7章　消防电源与火灾应急照明

消防电气设计的主要目的就是在火灾情况下,为防火救灾的消防电气设备提供能源保证,并根据建筑物的防火分区和防烟分区,暖通和给排水系统的防火、救火需求,合理、有效地控制有关的消防电气设备,同时切断着火相关区域的非消防设备的供电电源,为人员疏散、消防救援提供火灾应急照明,确保火场内有关人员的人身安全。

7.1　系统供电

7.1.1　消防用电设备及负荷等级

1.消防电源

消防电源是指在火灾时能保证消防用电设备继续正常运行的电源。

消防电源的负荷等级应满足建筑物最高负荷等级的要求。

一般情况下,根据消防用电设备在火灾时起到的作用不同,保证消防电源正常运行的时间及电源要求也不同。例如火灾自动报警系统,它的功能是实时预测电气火灾、探测火灾的发生,并在火灾发生的初期就能及时发出报警信号,并联动相关的消防设备,因此火灾自动报警系统的主电源根据建筑物的不同情况,宜按一级或二级负荷来考虑(首先应满足建筑物最高负荷等级要求);当火灾自动报警系统有 CRT 显示器、计算机主机、消防通信设备、火灾应急广播等装置时,为了防止突然断电而造成以上装置不能正常工作,其主电源宜采用 UPS 不间断供电电源。

火灾疏散照明,其作用是火灾时人员的应急疏散,人员一旦应急疏散完成,它的作用也结束,因此我们国家设计规范中明确规运必须保证火灾时高层及单、多层建筑火灾疏散照明连续供电时间≥20 min,超高层民用建筑火灾疏散照明连续供电时间≥30 min,火灾疏散照明的电源除正常的消防电源供电外,很多大型复杂的建筑物往往还设置 EPS(应急电源)或在灯具内带可以充放电的蓄电池,以保证并提高其消防电源的安全性和可靠性。

火灾备用照明(避难层、屋顶直升机停机坪照明除外)的连续供电时间应满足建筑不同场所的火灾延续时间(2 h、3 h 不等)。

消防电梯、防排烟风机、避难层(间)火灾备用照明和屋顶直升机停机坪火灾备用照明(包括航空障碍灯),其供电时间应≥1.0 h。

消防水泵是火灾时灭火的重要设备,其电源必须重点保证,因此消防水泵电源除满足消防电源负荷等级要求外,同样也对供电时间提出了应满足建筑不同场所的火灾延续时间的要求:

(1)室内消火栓给水系统应满足建筑不同场所的火灾延续时间(2 h,3 h 不等);

(2)自动喷水灭火系统应不少于 1 h(代替防火墙的防火卷帘两侧设独立的闭式自动喷水系统保护时,系统喷水延续时间应不少于 3 h)

2. 消防用电设备

消防用电设备是在火灾时用于消防灭火或保证人员疏散(逃生)以及为消防队员提供服务的用电设备。

消防用电主要是指:消防控制室、消防水泵、消防电梯、防烟排烟设施、火灾自动报警系统、消防广播、自动灭火系统、火灾应急照明以及电动的防火门、防火窗、防火阀门、防火卷帘等的用电。

有些消防用电设备是火灾与平时兼用的,例如有些工程的防排烟风机平时兼用于送风和排风;有些工程的消防电梯平时兼用于客梯。类似这些消防用电设备在设置时,既要满足火灾时的消防功能要求,同时也要满足平时的正常运行功能要求,并且一旦发生火灾,应强制性切换到消防功能,即满足消防优先的原则。

3. 负荷等级

(1)电力负荷分级

《供配电系统设计规范》(GB 50052—2009)对一级负荷、二级负荷、三级负荷的定义如下。

电力负荷应根据对供电可靠性的要求及中断供电在对人身安全、经济损失上所造成的影响程度进行分级,并应符合下列规定:

1. 符合下列情况之一时,应视为一级负荷。

(1)中断供电将造成人身伤害时。

(2)中断供电将在经济上造成重大损失时。

(3)中断供电将影响重要用电单位的正常工作。

2. 在一级负荷中,当中断供电将造成人员伤亡或重大设备损坏或发生中毒、爆炸和火灾等情况的负荷,以及特别重要场所的不允许中断供电的负荷,应视为一级负荷中特别重要的负荷。

3. 符合下列情况之一时,应视为二级负荷。

(1)中断供电将在经济上造成较大损失时。

(2)中断供电将影响较重要用电单位的正常工作。

4. 不属于一级和二级负荷者应为三级负荷。

(2)消防用电设备的负荷分级

消防用电设备的负荷等级划分除了需要满足《供配电系统设计规范》的规定外,还要根据扑救难度、使用性质、建筑物的重要性、人员的密集度以及火灾危险性等因素进行综合考虑。《建筑设计防火规范》(GB 50016—2014)(简称建规)和《高层民用建筑设计防火规范》(GB 50045—95)(简称高规)分别对消防用电设备进行了负荷分级,如表7-1所示。

表 7-1　消防用电设备负荷分级

负荷等级	适　用　条　件	规范
一级负荷	建筑高度大于 50 m 的乙、丙类厂房和丙类仓库的消防用电设备	建规
	一类高层建筑的消防用电设备	高规

表 7-1（续）

负荷等级	适　用　条　件	规范
二级负荷	下列建筑物、储罐（区）、堆场的消防用电： 1. 室外消防用水量大于 30 L/s 的工厂、仓库； 2. 室外消防用水量大于 35 L/s 的可燃材料堆场、可燃气体储罐（区）和甲、乙类液体储罐（区）； 座位数超过 1 500 个的电影院、剧院，座位数超过 3 000 个的体育馆，任一层建筑面积大于 3 000 m² 的商店、展览建筑、省（市）级及以上的广播电视楼、电信楼和财贸金融楼、室外消防用水量大于 25 L/s 的其他公共建筑	建规
	二类高层建筑的消防用电设备	高规
三级负荷	除上面规定外的建筑物、储罐（区）和堆场等的消防用电设备，可采用三级负荷供电	

7.1.2　消防用电设备的供电方式

1. 消防用电设备的供电回路

《高层民用建筑设计防火规范》（GB 50045—95）明确规定"消防用电设备应采用专用的供电回路，其配电设备应设有明显标志，其配电线路和控制回路宜按防火分区划分。"原因如下。

（1）火灾实例证明，有了可靠电源，而消防设备的配电线路不可靠，则仍不能保证消防用电设备的安全供电。如某高层建筑发生火灾，设有备用电源，由于消防用电设备的配电线路与一般配电线路合在一起，当整个建筑用电拉闸后，电源被切断，消防设备不能运转发挥灭火作用，造成严重损失，因此规定消防用电设备均应采用专用的（即单独的）供电回路。

（2）建筑发生火灾后，可能会造成电气线路短路和其他设备事故，电气线路可能使火灾蔓延扩大，还可在救火中因触及带电设备或线路等漏电，造成人员伤亡，因此发生火灾后，消防人员必须是先切断工作电源，然后救火，以策扑救中的安全。而消防用电设备，必须继续有电（不能停电），故消防用电必须采用单独回路，电源直接取自配电室的母线，当切断（停电）工作电源时，消防电源不受影响，保证扑救工作的正常进行。

（3）《高层民用建筑设计防火规范》（GB 50045—95）规定的供电回路，系指从低压总配电室（包括分配电室）至最末一级配电箱，与一般配电线路均应严格分开。

为防止火势沿电气线路蔓延扩大和预防触电事故，消防人员在灭火时首先要切断起火部位的一般配电电源，如果高层建筑配电设计不区分火灾时哪些用电设备可以停电，哪些不能停电，一旦发生火灾只能切断所有电源，致使消防用电设备不能正常运行，这是不能允许的。发生火灾时消防电梯、消防水泵、火灾应急照明、防排烟等消防用电必须确保，因此，消防用电设备的配电线路不能与其他动力、照明共用回路，并且还应设有紧急情况下方便操作的明显标志，否则容易引起误操作，影响灭火工作。

《建筑设计防火规范》（GB 50016—2014）也明确规定：消防用电设备应采用专用的供电回路，当生产、生活用电被切断时，应仍能保证消防用电。其配电设备应有明显标志。消防控制室、消防水泵房、防烟与排烟风机房的消防用电设备及消防电梯等的供电，应在其配电线路的最末一级配电箱处设置自动切换装置。

2. 双电源切换

《高层民用建筑设计防火规范》(GB 50045—95)规定:高层建筑的消防控制室、消防水泵、消防电梯、防烟排烟风机等的供电,应在最末一级配电箱处设置自动切换装置。

该条文有效保证了消防设备的供电可靠性。根据该条文,各种消防设备电源,其最末一级配电箱设置自动切换装置的情况如下》

(1)消防控制室

消防控制室是整个工程火灾时的指挥和控制中心,保证消防电源的可靠就显得极其重要,因此双电源自动切换装置(ATSE)应设置在消防控制室内。

(2)消防水泵

消防水泵是火灾时灭火的重要设备,为保证火灾时消防水泵的可靠运行,ATSE 应设置在消防水泵房内(或邻近配套的消防水泵控制室内)。

(3)消防电梯

消防电梯是火灾时消防队员灭火和救援的专用设备,是消防队员扑救火灾的重要通道,火灾时必须保证消防电梯的可靠运行,因此 ATSE 应设置在电梯机房内。

(4)防烟排烟风机、防火卷帘门等

如果同一防火分区内分布多个防烟排烟风机,同时又有防火卷帘门和消防排水泵等消防电气设备,那么在每个消防设备附近(末端)设置 ATSE,势必会造成配电系统过于复杂,成本也会很高,同时过于复杂的配电系统也会造成供电可靠性下降,因此防烟排烟风机、防火卷帘门、消防排水泵等消防电气设备,可按同一防火分区内设置一个总的 ATSE,再采用满足消防供电敷设要求的电线电缆,以放射式配电方式进行供电。

7.1.3　应急电源

《供配电系统设计规范》(GB 50052—2009)中规定,下列电源可作为应急电源。

(1)独立于正常电源的发电机组;

(2)供电网络中独立于正常电源的专用的馈电线路;

(3)蓄电池;

(4)干电池。

应急电源允许中断供电的时间选择规定:

(1)允许中断供电时间为 15 s 以上的供电,可选用快速自启动的发电机组。

一类高层建筑自备发电设备,应设有自动启动装置,并能在 30 s 内供电。二类高层建筑自备发电设备,当采用自动启动有困难时,可采用手动启动装置。

上述作为应急电源的自备发电机组应独立于正常电源。

(2)自投装置的动作时间能满足允许中断供电时间的,可选用带有自动投入装置的独立于正常电源之外的专用馈电线路。

(3)允许中断供电时间为毫秒级的供电,可选用蓄电池静止型不间断供电装置或柴油机不间断供电装置。

根据上述选择原则,在高层民用建筑中,为了提高消防电气的安全性和可靠性,除了两路城市电网引来的电源能满足消防电气设备的供电要求外,很多大型、重要建筑物往往还选择应急发电机组作为整个建筑物的应急电源,用于整个建筑物的消防用电设备的备用电源。还有许多建筑物选择 EPS(应急电源)或选择消防应急灯具自带蓄电池作为火灾疏散照明的备用电源。

下面介绍两种常用的应急电源。

1. 应急发电机组

应急发电机组往往用于整个建筑物消防用电设备的总应急电源。允许中断供电时间为秒级别,一类高层建筑应采用自启动的应急发电机组,启动时间不应大于 30 s,二类高层建筑当采用自动启动装置有困难时。可采用手动启动装置。

应急发电机组的容量应满足整个建筑物内所有消防设备同时运行时的容量要求。当应急发电机组兼作其他重要设备的备用电源时,还应考虑备用电源的容量,但不是同时使用。例如,高级宾馆重要场所的照明等,当正常城市电源失电时,可利用应急发电机组来保证这些重要场所的正常供电,保持正常营业,但是,此时有火警时,应强制性切除这些设备的电源、自动切换到消防用电设备上,保证消防设备的紧急运行。

应急发电机组设置的位置及供电电压选择应符合以下要求:

(1)接近负荷中心,一般设在变配电所附近。应急发电机组一般采用 AC230/400V 低压供电,并应考虑低压供电的半径。当建筑物体型很大,消防用电设备很多并且分散时,可采用高压应急发电机组供电。

(2)民用建筑可以将应急发电机组设置在地下室,但应考虑消防、通风、设备运输等要求,机房内应设置储油间,其总储存量不应超过 8 h 的需要量。

2. EPS 应急电源

EPS 应急电源是平时以市电给蓄电池充电,市电失电后利用蓄电池放电而继续供电的应急电源装置。放电的时间和放电电流取决于蓄电池的安时容量。

EPS 应急电源主要适用于:

(1)整个建筑物消防用电设备容量不大,例如 100 kW 以下,采用 EPS 从经济和技术上较为合理。

(2)一般用于火灾疏散照明系统。EPS 根据建筑物的不同需要,可设置在总配电间或接楼层配电间设置,对火灾疏散照明进行供电,代替原来火灾疏散照明灯具(包括疏散指示标志)内的蓄电池。火灾疏散照明采用采用 EPS 应急电源供电与自带蓄电池的照明灯具(包括疏散指示标志)相比,具有节省初期投资、降低运行管理费用、电源可以集中故障监视报警等优点,但如果 EPS 出现故障,影响面大。

(3)对消防水泵等电功机负载。如果使用 EPS 作为应急电源,在选择时要考虑电动机启动时的冲击电流对蓄电池的影响(有些产品针对不同的电动机启动方式特殊处理),并且 EPS 的连续供电时间必须满足消防要求。

(4)EPS 的总容量应大于安装容量中最大回路的启动容量 + 其他回路额定工作容量。各种消防设备应急回路启动容量:

①电动机的直接启动电流为额定电流的 6~10 倍,EPS 的额定启动容量应大于电动机额定功率 7 倍以上(主要是整流设备的额定容量)。

②电动机为软启动、星三角启动、自耦降压启动时,EPS 的额定启动容量应大于电动机额定功率的 3 倍以上。

③当电动机为变频启动时,EPS 的额定启动容量可以等于电动机的额定功率。

7.1.4　一般规定

1. 火灾自动报警系统应设置交流电源和蓄电池备用电源。

2. 火灾自动报警系统的交流电源应采用消防电源,备用电源可采用火灾报警控制器和消防联动控制器自带的蓄电池电源或消防设备应急电源。当备用电源采用消防设备应急电源时,火灾报警控制器和消防联动控制器应采用单独的供电回路,并应保证在系统处于最大负载状态下不影响火灾报警控制器和消防联动控制器的正常工作。

3. 消防控制室图形显示装置、消防通信设备等的电源,宜由 UPS 电源装置或消防设备应急电源供电。

4. 火灾自动报警系统主电源不应设置剩余电流动作保护和过负荷保护装置。

5. 消防设备应急电源输出功率应大于火灾自动报警及联动控制系统全负荷功率的120%,蓄电池组的容量应保证火灾自动报警及联动控制系统在火灾状态同时工作负荷条件下连续工作 3 h 以上。

6. 消防用电设备应采用专用的供电回路,其配电设备应设有明显标志。其配电线路和控制回路宜按防火分区划分。

7.2　消防配线

消防线路的导线选择及其敷设,应满足火灾时连续供电或传输信号的需要。消防联动控制设备的直流电源电压应采用 24 V。

7.2.1　电线电缆的分类

电线电缆根据其本身具有的燃烧特性分为普通电线电缆、阻燃电线电缆、耐火电线电缆、无卤低烟电线电缆以及矿物绝缘电缆。

1. 阻燃电线电缆

阻燃电线电缆应具有阻燃特性,即难以着火并具有阻止或延缓火焰蔓延能力的电线电缆。通常指能通过 GB/T 18380.3(等同 IEC 60332—3)《电缆在火焰条件下的燃烧试验　第三部分:成束电线或电缆的燃烧试验方法》试验合格的电线电缆。

阻燃电线电缆根据所通过 GB/T 18380.3 规定的不同等级标准的试验,可分为 A、B、C、D 四种阻燃等级。其性能应符合表 7-2 的规定。

表 7-2　阻燃试验

标　　准	GB/T 18380.3—2001(阻燃试验)			
阻燃级别	供火时间/min	试验容量/(L/m)	合格判定	
			焦化高度/m	自熄时间/min
A	40	7	≤2.5	≤60
B	40	3.5	≤2.5	≤60

表 7-2(续)

标　准	GB/T 18380.3—2001(阻燃试验)			
C	20	1.5	≤2.5	≤60
D	20	0.5	≤2.5	≤60

注:D 级标准只适用于自径≤12 mm 的电线电缆。

2. 耐火电线电缆

耐火电线电缆应具有耐火的特性,即在规定温度和时间的火焰燃烧下仍能保持线路完整性的电线电缆。耐火电线电缆的主要功能是在绝缘和护套层被火燃蚀后,靠缠包在铜导体上的云母耐火带保护而继续通电一段时间。通常指通过 GB/T 12666.6(等效 IEC 60331)《电线电缆燃烧试验方法　第六部分:电线电缆耐火特性试验方法》试验合格的电线电缆。

耐火电线电缆根据其非金属材料的阻燃性能,可分为阻燃耐火电线电缆和非阻燃耐火电线电缆。

如果耐火电线电缆不在其绝缘和护套层添加阻燃剂,则它是不具备阻燃特性的,因为耐火试验的标准不考核耐火电线电缆的阻燃特性。而在实际工程使用中,电缆往往是成束敷设的,在这种情况下,应该考虑到非阻燃的耐火电缆在火灾时有延燃性,所以应选择具有阻燃特性的耐火电线电缆。

3. 无卤低烟电线电缆

无卤低烟电线电缆分为无卤低烟阻燃电线电缆和无卤低烟阻燃耐火电线电缆。

无卤低烟阻燃电线电缆应具有无卤、低烟及阻燃的性能,即材料不含卤素,燃烧时产生的烟尘较少并且具有阻止或延缓火焰蔓延的电线电缆。

无卤低烟阻燃耐火电线电缆应具有无卤、低烟、阻燃以及耐火的性能,即材料不含卤素,燃烧时产生的烟尘较少并且能阻止或延缓火焰蔓延,可保持线路完整性的电线电缆。

4. 矿物绝缘电缆

矿物绝缘电缆分为刚性和柔性两种。刚性矿物绝缘电缆是指用矿物(如氧化镁)作为绝缘的电缆,通常由铜导体、矿物绝缘、铜护套构成,而柔性矿物绝缘电缆是由铜绞线、矿物化合物绝缘和护套构成。矿物绝缘电缆不含有机材料,具有不燃、无烟、无毒和耐火特性。

矿物绝缘电缆除应通过 GB/T 12666.6 耐火验外,还应具有一定抗喷淋水和抗机械撞击能力。

矿物绝缘电缆可采用有机材料包覆作为外护套,但其外护套应满足无卤、低烟、阻燃的要求。

7.2.2　电线电缆的选用

1. 普通电线电缆的选用

用于普通设备线路的电线在穿管敷设时可采用普通电线。

直接埋地敷设和穿管暗敷的电缆可以采用普通电缆。

2. 阻燃电线电缆的选用

为了防止火灾时电线电缆起到助燃作用,使得火灾事故扩大,因此当电线电缆成束敷设时,应采用阻燃电线电缆。

同一建筑物内选用的阻燃和阻燃耐火电线电缆,其阻燃等级宜相同。

3.耐火电线电缆或矿物绝缘电缆的选择

在外部火势作用一定时间内需保持线路完整性、维持通电的场所,其线路应采用耐火电线电缆或矿物绝缘电缆。

耐火电线电缆在作产品合格试验时,电线电缆在没有穿管保护的情况下,必须能够在 750 ℃ 的高棉燃烧中保证 90 min 的连续供电,因此只要采取适当的机械防护措施,耐火电线电缆就能够满足消防用电设备的供电线路要求。故要求消防用电设备的线路宜采耐火电线电缆或矿物绝缘电缆。

7.2.3　布线的一般规定

1.火灾自动报警系统的传输线路和 50 V 以下供电的控制线路,应采用耐压不低于交流 300 V/500 V 的多股绝缘电线或电缆。采用交流 220 V/380 V 供电或控制的交流用电设备线路,应采用耐压不低于交流 450 V/750 V 的电线或电缆。

2.火灾自动报警系统传输线路的线芯截面选择,除应满足自动报警装置技术条件的要求外,尚应满足机械强度的要求,导线的最小截面积不应小于表 7-3 的规定。

表 7-3　铜芯绝缘电线、电缆线芯的最小截面

类　　别	线芯的最小截面/mm^2
穿管敷设的绝缘电线	1.00
线槽内敷设的绝缘电线	0.75
多芯电缆	0.50

3.火灾自动报警系统的供电线路和传输线路设置在室外时,应埋地敷设。

4.火灾自动报警系统的供电线路和传输线路设置在地(水)下隧道或湿度大于 90% 的场所时,线路及接线处应做防水处理。

5.采用无线通信方式的系统设计规定

(1)无线通信模块的设置间距不应大于额定通信距离的 75%;

(2)无线通信模块应设置在明显部位,且应有明显标识。

6.火灾自动报警系统的传输线路应采用金属管、可挠(金属)电气导管、B$_1$ 级以上的钢性塑料管或封闭式线槽保护。

7.火灾自动报警系统的供电线路、消防联动控制线路应采用耐火铜芯电线电缆,报警总线、消防应急广播和消防专用电话等传输线路应采用阻燃或阻燃耐火电线电缆。

8.线路暗敷设时,应采用金属管、可挠(金属)电气导管或 B$_1$ 级以上的刚性塑料管保护,并应敷设在不燃烧体的结构层内,且保护层厚度不宜小于 30 mm;线路明敷设时,应采用金属管、可挠(金属)电气导管或金属封闭线槽保护。矿物绝缘类不燃性电缆可直接明敷。

9.火灾自动报警系统用的电缆竖井,宜与电力、照明用的低压配电线路电缆竖井分别设置。受条件限制必须合用时,应将火灾自动报警系统用的电缆和电力、照明用的低压配电线路

电缆分别布置在竖井的两侧。

10. 不同电压等级的线缆不应穿入同一根保护管内,当合用同一线槽时,线槽内应有隔板分隔。

11. 采用穿管水平敷设时,除报警总线外,不同防火分区的线路不应穿入同一根管内。

12. 从接线盒、线槽等处引到探测器底座盒、控制设备盒、扬声器箱的线路,均应加金属保护管保护。

13. 火灾探测器的传输线路,宜选择不同颜色的绝缘导线或电缆。正极"十"线应为红色,负极"一"线应为蓝色或黑色。同一工程中相同用途导线的颜色应一致,接线端子应有标号。

7.3　火灾应急照明

建筑物发生火灾,在正常电源因故中断时,如果没有火灾应急照明和疏散指示标志,受灾的人们往往因找不到安全出口而发生拥挤、碰撞、摔倒等,尤其是高层建筑,影剧院,展览馆,大、中型商店(商场),歌舞厅等人员密集场所,发生火灾后,极易造成较大的踩踏伤亡事故;同时,也不利于消防队员进行灭火和救援。因此,设置符合消防要求并且行之有效的火灾应急照明和疏散指示标志是十分重要的。

7.3.1　火灾应急照明的分类

照明种类可分为正常照明、应急照明、值班照明、警卫照明、景观照明和障碍照明等。火灾应急照明是指发生火灾时,因正常照明的电源失效而启用的照明,也称火灾事故照明。

1. 火灾应急照明分类

(1)按用途分类

火灾应急照明包括火灾疏散照明、火灾备用照明和火灾安全照明。

火灾疏散照明作为火灾应急照明的一部分,用于安全出口、疏散出口、疏散走道、楼梯间、防烟前室等部位,是确保疏散通道被有效地辨认和使用的照明。

火灾备用照明作为火灾应急照明的一部分,用于消防控制室、消防水泵房等一些重要设备用房,是确保消防作业继续进行的照明。

火灾安全照明作为火灾应急照明的一部分,用于手术室、危险作业场所,是确保处于潜在危险之中的人员的安全的照明。

(2)按系统分类

消防应急照明和疏散指示系统按系统形式可分为:自带电源集中控制型(系统内可包括子母型消防应急灯具)、自带电源非集中控制型(系统内可包括子母型消防应急灯具)、集中电源集中控制型、集中电源非集中控制型。

集中控制型系统主要由应急照明集中控制器、双电源应急照明配电箱、消防应急灯具和配电线路等组成,消防应急照明可为持续型或非持续型。其特点是所有消防应急灯具的工作状态都受应急照明集中控制器控制。发生火灾时,火灾报警控制器或消防联动控制器向应急照明集中控制器发出相关信号,应急照明集中控制器按照预设程序控制各消防应急照明灯具的工作状态。

集中电源非集中控制型系统主要由应急照明集中电源、应急照明分配电装置、消防应急灯具和配电线路等组成,消防应急照明灯具可为持续型或非持续型。发生火灾时,消防联动控制器联动控制集中电源和(或)应急照明分配电装置的工作状态,进而控制各路消防应急灯具的工作状态。

自带电源非集中控制型系统主要由应急照明配电箱、消防应急灯具和配电线路等组成。发生火灾时,消防联动控制器联动控制应急照明配电箱的工作状态,进而控制各路消防应急灯具的工作状态。

2. 火灾应急照明灯具分类

火灾应急照明灯具可按应急供电形式、用途、工作方式,实现方式等不同要求分类。

(1)按应急供电形式分类

①双电源切换供电型

灯具内无独立的电池而由符合消防负荷等级的双电源经自动转换开关装置(ATSE)切换供电的火灾应急照明灯具。

②自带电源型

电池和检验器件装在灯具内部或其附近(1 m 距离以内)的火灾应急照明灯具。

③集中电源型

灯具内无独立的电池而由集中供电装置供电的火灾应急照明灯具。

④子母电源型

子火灾应急灯具内无独立的电池而由与之相关的母火灾应急灯具供电装置供电的一组火灾应急照明灯具。

(2)按用途分类

①火灾应急照明灯

火灾发生时,为人员疏散和(或)消防作业提供照明的火灾应急照明灯具。

②火灾应急标志灯

用图形和(或)文字完成下述功能的火灾应急标志灯具。

a. 指示安全出口、疏散出口及其方向。

疏散出口:用于人员离开某一区域至另一区域的出口。

安全出口:通向疏散楼梯间、避难走道和I(或)室外地平面的疏散出口。

b. 指示楼层、避难层及其他安全场所。

c. 指示灭火器具存放位置及其方向。

d. 指示禁止入内的通道、场所及危险品存放处。

③火灾应急照明标志灯

同时具备火灾应急照明灯和火灾应急标志灯功能的火灾应急照明灯具。

(3)按工作方式分类

①常亮型

无论正常照明失电与否一直点亮的火灾应急照明灯具。

②非持续型(常暗型)

只在消防联动或当正常照明失电时才点亮的火灾应急照明灯具。

③持续型(未具备消防联动强制接通功能)

可随正常照明同时开关,并当正常照明失电时仍能点亮的火灾应急照明灯具。

④可控制型(具备消防联动强制接通功能)

正常情况下可手动开、关控制和(或)由建筑设备监控系统(BA)控制,火灾情况下由消防联动或当正常照明失电时自动点亮(灯开关失控)的火灾应急照明灯具。

(4)按实现方式分类

①独立型

独立完成由主电源状态转入应急状态的火灾应急照明灯具。

②集中控制型

工作状态由控制器控制的火灾应急照明灯具。

③子母控制型

由母火灾应急灯具控制子火灾应急灯具应急状态的一组火灾应急照明灯具。

7.3.2 设置原则

1.《民用建筑电气设计规范》(JGJ 16—2008)对火灾应急照明的设计规定:

(1)火灾应急照明应包括备用照明、疏散照明,其设置应符合下列规定:

①供消防作业及救援人员继续工作的场所,应设置备用照明;

②供人员疏散,并为消防人员撤离火灾现场的场所,应设置疏散指示标志灯和疏散通道照明。

(2)公共建筑的下列部位应设置备用照明:

①消防控制室、自备电源室、配电室、消防水泵房、防烟及排烟机房、电话总机房以及在火灾时仍需要坚持工作的其他场所;

②通信机房、大中型电子计算机房、BAS中央控制站、安全防范控制中心等重要技术用房;

③建筑高度超过100 m的高层民用建筑的避难层及屋顶直升机停机坪。

(3)公共建筑、居住建筑的下列部位,应设置疏散照明:

①公共建筑的疏散楼梯间、防烟楼梯间前室、疏散通道、消防电梯间及其前室、合用前室;

②高层公共建筑中的观众厅、展览厅、多功能厅、餐厅、宴会厅、会议厅、候车(机)厅、营业厅、办公大厅和避难层(间)等场所;

③建筑面积超过1 500 m²的展厅、营业厅及歌舞娱乐、放映游艺厅等场所;

④人员密集且面积超过300 m²的地下建筑和面积超过200 m²的演播厅等;

⑤高层居住建筑疏散楼梯间、长度超过20 m的内走道、消防电梯间及其前室、合用前室;

⑥对于1~5款所述场所,除应设置疏散走道照明外,并应在各安全出口处和疏散走道,分别设置安全出口标志和疏散走道指示标志;但二类高层居住建筑的疏散楼梯间可不设疏散指示标志。

(4)备用照明灯具宜设置在墙面或顶棚上。安全出口标志灯具宜设置在安全出口的顶部,底边距地不宜低于2.0 m。疏散走道的疏散指示标志灯具,宜设置在走道及转角处离地面1.0 m以下墙面上、柱上或地面上,且间距不应大于20 m。当厅室面积较大,必须装设在顶棚上时,灯具应明装,且距地不宜大于2.5 m。

(5)火灾应急照明的设置,除符合本规范第13.8.1~13.8.4条的规定外,尚应符合下列规定:

①应急照明在正常供电电源停止供电后,其应急电源供电转换时间应满足下列要求:

a. 备用照明不应大于 5 s, 金融商业交易场所不应大于 1.5 s;

b. 疏散照明不应大于 5 s。

②除在假日、夜间无人工作而仅由值班或警卫人员负责管理外。疏散照明平时宜处于点亮状态。当采用蓄电池作为疏散照明的备用电源时, 在非点亮状态下, 不得中断蓄电池的充电电源。

③首层疏散楼梯的安全出口标志灯, 应安装在楼梯口的内侧上方。

疏散标志灯的设置位置, 应符合图 7-1 的规定。当有无障碍设计要求时, 宜同时设有音响指示信号。

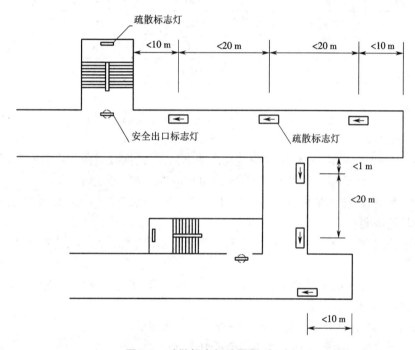

图 7-1 疏散标志灯设置原则示例

注: 用于人防工程的疏散标志灯的间距不应大于示例中间距的 1/2

④装设在地面上的疏散标志灯, 应防止被重物或外力损坏。

⑤疏散照明灯的设置, 不应影响正常通行, 不得在其周围存放有容易混同以及遮挡疏散标志灯的其他标志牌等。

(6)备用照明及疏散照明的最少持续供电时间及最低照度, 应符合表 7-4 的规定。

表 7-4 火灾应急照明最少持续供电时间及最低照度

区域类别	场所举例	最少持续供电时间/min		照度/lx	
		备用照明	疏散照明	备用照明	疏散照明
一般平面疏散区域	第 13.8.3 条 1 款所述场所	—	≥30	—	≥0.5
竖向疏散区域	疏散楼梯	—	≥30	—	≥5

表 7-4（续）

区域类别	场所举例	最少持续供电时间/min		照度/lx	
		备用照明	疏散照明	备用照明	疏散照明
人员密集流动疏散区域及地下疏散区域	第 13.8.3 条 2 款所述场所	—	≥30	—	≥5
航空疏散场所	屋顶消防救护用直升机停机坪	≥60	—	不低于正常照度	—
避难疏散区域	避难层	≥60	—	不低于正常照度	—
消防工作区域	消防控制室、电话总机房	≥180	—	不低于正常照度	—
	配电室、发电室	≥180	—	不低于正常照度	—
	水泵房、风机房	≥180	—	不低于正常照度	—

2.《建筑设计防火规范》（GB 50016—2014）针对消防应急照明和消防疏散指示标志的设置做了进一步的规定：

（1）除住宅外的民用建筑、厂房和丙类仓库的下列部位，应设置消防应急照明灯具：

①封闭楼梯间、防烟楼梯间及其前室、消防电梯间的前室或合用前室；

②消防控制室、消防水泵房、自备发电机房、配电室、防烟与排烟机房以及发生火灾时仍需正常工作的其他房间；

③观众厅，建筑面积超过 400 m² 的展览厅、营业厅、多功能厅、餐厅，建筑面积超过 200 m² 的演播室；

④建筑面积超过 300 m² 的地下、半地下建筑或地下室、半地下室中的公共活动房间；

⑤公共建筑中的疏散走道。

（2）建筑内消防应急照明灯具的照度应符合下列规定：

①疏散走道的地面最低水平照度不应低于 0.5 lx；

②人员密集场所内的地面最低水平照度不应低于 1.0 lx；

③楼梯间内的地面最低水平照度不应低于 5.0 lx；

④消防控制室、消防水泵房、自备发电机房、配电室、防烟与排烟机房以及发生火灾时仍需正常工作的其他房间的消防应急照明，仍应保证正常照明的照度。

（3）消防应急照明灯具宜设置在墙面的上部、顶棚上或出口的顶部。

（4）公共建筑、高层厂房（仓库）及甲、乙、丙类厂房应沿疏散走道和在安全出口、人员密集场所的疏散门的正上方设置灯光疏散指示标志，并应符合下列规定：

①安全出口和疏散门的正上方应采用"安全出口"作为指示标识；

②沿疏散走道设置的灯光疏散指示标志，应设置在疏散走道及其转角处距地面高度 1.0 m 以下的墙面上，且灯光疏散指示标志间距不应大于 20 m；对于袋形走道，不应大于 10 m；在走道转角区，不应大于 1.0 m，其指示标识应符合现行国家标准《消防安全标志》GB 13495 的有关规定。

（5）下列建筑或场所应在其内疏散走道和主要疏散路线的地面上增设能保持视觉连续的灯光疏散指示标志或蓄光疏散指示标志：

①总建筑面积超过 8 000 m² 的展览建筑；

②总建筑面积超过 5 000 m² 的地上商店；

③总建筑面积超过 500 m² 的地下、半地下商店；

④歌舞娱乐放映游艺场所；

⑤座位数超过 1 500 个的电影院、剧院，座位数超过 3 000 个的体育馆、会堂或礼堂。

（6）建筑内设置的消防疏散指示标志和消防应急照明灯具，除应符合本规范的规定外，还应符合现行国家标准《消防安全标志》GB 13495 和《消防应急灯具》GB 17945 的有关规定。

7.3.3　联动控制要求

消防应急照明和疏散指示系统的联动控制设计规定：

1. 集中控制型消防应急照明和疏散指示系统，应由火灾报警控制器或消防联动控制器启动应急照明控制器实现。

2. 集中电源非集中控制型消防应急照明和疏散指示系统，应由消防联动控制器联动应急照明集中电源和应急照明分配电装置实现。

3. 自带电源集中控制型消防应急照明和疏散指示系统，应由消防联动控制器联动消防应急照明配电箱实现。

4. 当确认火灾后，由发生火灾的报警区域开始，顺序启动全楼疏散通道的消防应急照明和疏散指示系统，系统全部投入应急状态的启动时间不应大于 5 s。

思 考 题

1. 电力负荷等级是如何划分的？

2. 双电源自动切换装置应设置在哪些消防设备电源处，如何设置？

3. 消防应急电源有哪些类型？

4. 火灾应急照明有哪些类型，设置原则是怎样的？

5. 电线电缆的分类有哪些，各自适用场合和敷设要求。

第8章 消防系统的设计及工程案例

8.1 设计程序及方法

8.1.1 设计程序

1. 已知条件及专业配合

(1)全套土建图纸：包括建筑高度、层高、防火分区、室内用途、防火卷帘、防火门樘数及位置等；

(2)水暖通风专业给出的风道(风口)、烟道(烟口)位置，水流指示器、压力开关等；

(3)电力、照明给出的各有关配电箱，如事故照明配电箱、防排烟机配电箱等需要消防强制启动的及普通照明配电箱等需要消防时切除的配电箱的位置；

(4)防火类别及等级。

总之，建筑物的消防设计是各专业密切配合的产物，应在总的防火规范指导下各专业密切配合，共同完成任务。电气专业应考虑的内容如表 8-1 所列。

表 8-1 设计项目与电气专业配合的内容

序号	设计项目	电气专业配合措施
1	建筑物高度	确定电气防火设计范围
2	建筑防火分类	确定电气消防设计内容和供电方案
3	防火分区	确定区域报警范围、选用探测器种类
4	防烟分区	确定防排烟系统控制方案
5	建筑物室内用途	确定探测器型式类别和安装位置
6	构造耐火极限	确定各电气设备设置部位
7	室内装修	选择探测器形式类别、安装方法
8	家具	确定保护方式、采用探测器类型
9	屋架	确定屋架探测方法和灭火方式
10	疏散时间	确定紧急和疏散标志、事故照明时间
11	疏散路线	确定事故照明位置和疏散通路方向
12	疏散出口	确定标志灯位置指示出口方向
13	疏散楼梯	确定标志灯位置指示出口方向
14	排烟风机	确定控制系统与连锁装置
15	排烟口	确定排烟风机连锁系统
16	排烟阀门	确定排烟风机连锁系统
17	防火烟卷帘门	确定探测器的联动方式
18	电动安全门	确定探测器的联动方式
19	送回风口	确定探测器位置

表 8-1(续)

序号	设计项目	电气专业配合措施
20	空调系统	确定有关设备的运行显示及控制
21	消火栓	确定人工报警方式与消防泵连锁控制
22	喷淋灭火系统	确定动作显示方式
23	气体灭火系统	确定人工报警方式、安全启动和运行显示方式
24	消防水泵	确定供电方式及控制系统
25	水箱	确定报警及控制方式
26	电梯机房及电梯井	确定供电方式、探测器的安装位置
27	竖井	确定使用性质、采取隔离火源的各种措施,必要时放置探测器
28	垃圾道	设置探测器
29	管道竖井	根据井的结构及性质,采取隔断火源的各种措施,必要时设置探测器
30	水平运输带	穿越不同的防火区,采取封闭措施

2. 设计程序

(1)确定设计依据有关规范。

(2)确定设计方案

确定合理的设计方案是设计成败的关键所在,应根据建筑物的性质、疏散难易程度等全部已知条件确定采用什么规模、类型的系统,采用哪个厂家的产品。

(3)平面图的绘制

①按房间使用功能、层高、各专业设备位置等计算布置设备,包括:集中报警控制器、区域报警器(楼层显示器)、探测器、手动报警按钮、消火栓报警按钮、消防广播音箱、中继器、总线驱动器、总线隔离器、各种模块等;

②参考产品样本中系统图,对平面图进行布线、选线,确定敷设、安装方式并加以标注。

(4)系统图的绘制

根据厂家产品样本所给系统图结合平面图中的实际情况绘制系统图,要求分层清楚、布线标注明确、设备符号与平面图一致、设备数量与平面图一致。

(5)绘制其他一些施工详图

包括:消防控制室设备布置图及有关非标设备的尺寸及布置图等。

(6)编写设计说明书(计算书)

①编写设计总体说明,包括设计依据、厂家产品的选择、消防系统的各子系统的工作原理、设备接线表、材料表、图例符号及总体方案的确定等;

②设备、管线的计算选择过程(此过程只在学生在校做设计时有,实际工程中可不表现在所交内容上)。

(7)装订上交材料

①设计总体说明;

②平面图全部;

③施工详图;

④系统图。

8.1.2　设计方法

1. 设计方案的确定

火灾自动报警与消防联动控制系统的设计方案应根据保护对象的功能要求、消防管理体制、防烟、防火分区及探测区或报警区域的划分确定(这些具体划分方法及规定前已叙及)。

火灾自动报警系统的形式和设计要求与保护对象及消防安全目标的设立直接相关。

为了使设计更加规范化,且又不限制技术的发展,消防规范对系统的基本形式规定了很多原则,工程设计人员可在符合这些基本原则的条件下,根据工程规模和对联动控制的复杂程度,选择检验合格且质量上乘的产家产品,组成合理、可靠的火灾自动报警与消防联动系统。

2. 消防控制室的确定及消防联动设备设计要求

(1)消防控制室

消防控制室是建筑消防系统的信息中心、控制中心、日常运行管理中心和各自动消防系统运行状态监视中心,也是建筑发生火灾和日常火灾演练时的应急指挥中心;在有城市远程监控系统的地区,消防控制室也是建筑与监控中心的接口,可见其地位是十分重要的。每个建筑使用性质和功能各不相同,其包括的消防控制设备也不尽相同。作为消防控制室,应将建筑内的所有消防设施包括火灾报警和其他联动控制装置的状态信息都能集中控制、显示和管理,并能将状态信息通过网络或电话传输到城市建筑消防设施远程监控中心。具体设计要求见火灾自动报警系统设计规范的相关规定。

(2)消防联动控制设计

消防联动控制器是消防联动控制系统的核心设备,消防联动控制器按设定的控制逻辑向各相关受控设备发出准确的联动控制信号,控制现场受控设备按预定的要求动作,是完成消防联动控制的基本功能要求;同时为了保证消防管理人员及时了解现场受控设备的动作情况,受控设备的动作反馈信号应反馈给消防联动控制器。具体子系统包括:火灾自动报警控制系统;自动灭火系统;火灾应急广播及消防专用通信系统;电梯回降控制装置;防排烟及空调系统;火灾应急照明与疏散指示标志;室内消火栓系统等。其具体控制方式见上述章节的介绍。

3. 面图中设备的选择、布置及管线计算

(1)设备选择及布置

此部分内容包括探测器、火灾报警装置、火灾事故广播与消防专用电话等设备的选择及布置已在前面章节里介绍,这里不再重复。

(2)消防系统的接地

为了保证消防系统正常工作,对系统的接地规定如下:

采用共用接地装置时,接地电阻值不应大于 1 Ω。

采用专用接地装置时,接地电阻值不应大于 1 Ω。

消防控制室内的电气和电子设备的金属外壳、机柜、机架和金属管、槽等,应采用等电位连接。

由消防控制室接地板引至各消防电子设备的专用接地线应选用铜芯绝缘导线,其线芯截面面积不应小于 4 mm^2。

消防控制室接地板与建筑接地体之间,应采用线芯截面面积不小于 25 mm^2 的铜芯绝缘导线连接。

（3）布线及配管

火灾自动报警系统的传输线路和 50 V 以下供电的控制线路,应采用电压等级不低于交流 300 V/500 V 的铜芯绝缘导线或铜芯电缆。采用交流 220 V/380 V 的供电和控制线路,应采用电压等级不低于交流 450 V/750 V 的铜芯绝缘导线或铜芯电缆。

火灾自动报警系统传输线路的线芯截面选择,除应满足自动报警装置技术条件的要求外,还应满足机械强度的要求。铜芯绝缘导线和铜芯电缆线芯的最小截面面积,不应小于表 8-2 的规定。

表 8-2　铜芯绝缘导线和铜芯电缆线芯的最小截面面积

序号	类别	线芯的最小截面面积/mm^2
1	穿管敷设的绝缘导线	1.00
2	线槽内敷设的绝缘导线	0.75
3	多芯电缆	0.50

火灾自动报警系统的供电线路和传输线路设置在室外时,应埋地敷设。

火灾自动报警系统的供电线路和传输线路设置在地(水)下隧道或湿度大于 90% 的场所时,线路及接线处应做防水处理。

8.2　工程案例

8.2.1　设计依据

1. 甲方提供的设计任务书及设计要求

2. 国家现行有关设计规程、规范及标准

《火灾自动报警系统设计规范》GB 50116—2013;

《建筑设计防火规范》GB 50016—2014;

《智能建筑设计标准》GB/T 50314—2015;

《安全防范工程技术规范》GB 50348—2004;

《国家建筑标准设计图集》电气分册各册(现行版);

《地方建筑标准设计图集》电气分册各册(现行版)。

其他有关现行国家标准、行业标准和地方标准。

8.2.2　设计内容

1. 本工程火灾自动报警系统为集中报警系统。

2. 系统组成

火灾自动报警系统;消防联动系统;消防专用电话系统;火灾应急广播系统(与正常广播系统共用);电梯运行监视控制系统;应急照明控制及消防接地系统等。系统均采用高效、可靠、抗干扰性强的消防报警系统。

3. 消防控制室

(1)本工程为集中报警系统,消防控制室设在首层,各层主要入口设有火灾楼层显示器。

(2)消防控制室的报警控制设备由火灾报警控制主机、消防联动控制设备、CRT 显示器、打印机、应急广播设备、消防直通对讲电话设备、电梯监控盘和电源设备等组成。

(3)消防控制室具有接受火灾报警、发出火灾信号和安全疏散指令、控制各种消防联动控制设备及显示电源运行情况等功能。

(4)消防控制室可显示消防水池、消防水箱水位、消防设备电源及运行情况,并可联动控制所有与消防有关的设备。

(5)消防控制室内严禁与其他无关的电气线路及管路穿过。

4. 火灾自动报警系统

(1)本工程采用集中报警控制系统。消防自动报警系统按总线设计。

任一台火灾报警控制器所连接的火灾探测器、手动报警按钮和模块等设备总数和地址总数均不应超过 3 200 点,其中每一总线回路连接设备的总线不超过 200 点,且应留有不少于额定容量 10% 的余量;任一台消防联动控制器地址总数或火灾报警控制器(联动型)所控制的各类模块总数不应超过 1 600 点,且应留有不少于额定容量 10% 的余量。系统总线上应设置总线短路隔离器,每只总线短路隔离器保护的探测器、手动火灾报警按钮和模块等消防设备的总数不超过 32 点;总线穿越防火分区时,应在穿越处设置总线短路隔离器。

(2)探测器:商铺、办公、走道、楼梯间、地下车库等处设置感烟探测器;在厨房等场所设置感温探测器;厨房设置可燃气体探测器。配电间设置感烟探测器,变电站、网络机房设置气体灭火系统,厨房、热水机房设置燃气泄漏报警系统。网络机房设置空气采样报警系统。

(3)探测器与灯具的水平净距大于 0.5 m;与送风口边的水平净距大于 1.5 m;与多孔送风顶棚孔口或条形送风口的水平净距大于 0.5 m;与嵌入式扬声器的净距大于 0.1 m;与自动喷水头的净距大于 0.3 m;与墙或其他遮挡物的距离大于 0.5 m。探测器的具体定位,以建筑装修吊顶综合图为准(满足探测器保护半径和面积的要求)。

(4)本建筑设置手动报警按钮及消防对讲电话插孔。

(5)在消火栓箱内设消火栓报警按钮,接线盒设于消火栓的开门侧。

5. 消防联动控制

消防联动控制器应能按设定的控制逻辑向相关的受控设备发出联动控制信号,并接受相关设备的联动反馈信号。

各受控设备接口的特性参数应与消防联动控制器发出的联动控制信号相匹配。

消防水泵、防烟和排烟风机的控制设备,除应采用联动控制方式外,还应在消防控制室设置手动直接控制装置。

需要火灾自动报警系统联动控制的消防设备,其联动触发信号应采用两个独立的报警触发装置报警信号的"与"逻辑组合。

(1)消火栓泵控制

联动控制方式,应由消火栓系统出水干管上设置的低压压力开关、高位消防水箱出水管上设置的流量开关或报警阀压力开关等信号作为触发信号,直接控制启动消火栓泵,联动控制不应受消防联动控制器处于自动或手动状态影响。当设置消火栓按钮时,消火栓按钮的动作信号应作为报警信号及启动消火栓泵的联动触发信号,由消防联动控制器联动控制消火栓泵的启动。

（2）自动喷淋泵控制

①干湿式系统其联动控制应由湿式报警阀压力开关的动作信号作为触发信号,直接控制启动喷淋消防泵,联动控制不应受消防联动控制器处于自动或手动状态影响。

②手动控制方式,应将喷淋消防控制箱的启动、停止按钮用专用线路直接连接至设置在消防控制室内的消防联动控制器的手动控制盘,直接手动控制喷淋消防泵的启动、停止。

③水流指示器、信号阀、压力开关、喷淋消防泵的启动和停止的动作信号应反馈至消防联动控制器。

（3）防烟排烟系统的联动控制

①加压送风机应有所在防火分区内的两只独立的火灾探测器或一只火灾探测器与一只手动火灾报警按钮的报警信号,作为送风门开启和加压送风机启动的联动触发信号,并由消防联动控制器联动控制相关层前室等需要加压送风机的加压送风口开启和加压送风机启动。

②排烟系统应由同一防烟分区内的两只独立的火灾探测器的报警信号作为排烟口、排烟窗或排烟阀开启的联动触发信号,并应由消防联动控制器联动控制排烟口、排烟窗或排烟阀的开启,同时停止该防烟分区的空气调节系统。

③应由排烟口、排烟窗或排烟阀开启的动作信号作为排烟风机启动的联动触发信号,并由消防联动控制器联动控制排烟风机的启动。

（4）防烟排烟系统的手动控制

应能在消防控制室内的消防联动控制器上手动控制送风口、电动挡烟垂壁、排烟口、排烟窗、排烟阀的开启或关闭,以及防烟风机、排烟风机的启动或停止,风机的启动、停止按钮应采用专用线路直接连接至设置在消防控制室内的消防联动控制器的手动控制盘,并应直接手动控制防烟排烟风机的启动、停止。以上动作信号及电动防火阀关闭信号均应反馈至消防联动控制器。排烟风机入口处的280度防火阀在关闭后直接联动风机停止,并将信号反馈至消防联动控制器。

（5）防火卷帘门的控制

用于防火分隔的卷帘门为一步落下,在疏散通道上的卷帘门分两步落下。一步落下的卷帘门,由其两侧的感烟探测器自动控制,两步落下的卷帘门由其两侧的感烟、感温组合探测器自动控制,卷帘门关闭信号反馈到消防控制室,卷帘门两侧设就地控制按钮,并设保护门。

（6）气体灭火控制

变电站、网络机房设管网气体灭火系统,自动控制信号取自现场烟、温探测器的复合信号,也可现场手动控制,启动及状态信号送至消防值班室。

（7）非消防电源控制

消防控制室在火灾确认后断开相关电源并接收其反馈信号。

（8）电梯的应急控制

所有电梯应具有防灾时工作程序的转换装置。火灾发生后根据火情强制所有电梯依次停于首层。除消防电梯外,切断客梯电源。

（9）消防控制室可在报警后根据需要停止相关空调和给排水系统并接收其反馈信号。

（10）应急照明平时采用就地控制或由灯控系统统一控制,火灾时由消防控制室自动控制点亮应急照明灯。

（11）空调机及风机所接风管上的防火阀关闭后,联锁停止空调机及风机并报警。

（12）与燃气有关的如燃气关断阀等的控制,需与燃气公司配合完成。

（13）卫生间 70 度防火阀动作后,停止卫生间排气扇(停屋顶卫生间用排风机)。

（14）挡烟垂壁的控制。

任一侧的感烟探测器报警后,控制模块控制挡烟垂壁自动下垂,反馈信号到消防控制室。

6. 非消防电源

本工程配、变电站部分低压出线回路断路器及各子项配电间内部分出线回路断路器设有分励脱扣器,当消防控制室确认火灾后用来切断相关区域非消防电源,并将执行信号反馈至消防控制室、厨房等处设置可燃气体探测器联动关断燃气电磁阀,联动启动事故排风机。

7. 火灾应急广播系统

在消防控制室设置火灾应急广播机柜,机组采用定压式输出。火灾应急广播按疏散楼层和报警区域划分分配线路,各输出分路设有输出显示信号和保护控制装置。火灾应急广播线路和火警信号、联动控制线路同管或同线槽敷设。火灾时,进行全楼广播。

8. 消防直通对讲电话系统

在消防控制室内设置消防直通对讲电话总机,除在各层的手动报警按钮处设置消防直通对讲电话插孔外,在变配电室、电梯轿厢间、监控中心、弱电机房等处设置消防直通对讲电话分机。在消防控制室内设置直接报警的外线电话。

9. 电梯监视控制系统

（1）在消防控制室设置电梯监控盘,能显示各部电梯运行状态:正常、故障、开门、关门等及所处层位显示。

（2）火灾发生时,根据火灾情况及区域,由消防控制室电梯监控盘发出指令,指挥电梯按消防程序运行,对全部或任意一台电梯进行对讲,说明改变运行程序的原因,除消防电梯保持运行外,其余电梯均强制返回一层并开门。

（3）火灾指令开关采用钥匙型开关,由消防控制室负责火灾时的电梯控制。

10. 电源及接地

（1）所有消防用电设备均采用双路电源照明,消防控制室,消防水泵房,消防电梯,排烟及加压风机等重要消防设备在末端设自动切换装置,消防控制室设备还要求设置蓄电池作为备用电源。

（2）消防系统接地利用建筑物共用接地装置作为其接地极,设专用接地干线,接地干线采用铜芯绝缘导线,其芯截面积不小于 25 mm^2,接地电阻小于 1 Ω。

11. 消防系统线路敷设要求

（1）消防进户穿管采用 RC 管,所用线槽均为耐火型,其他详见平面图。所有消防线缆均采用低烟无卤型。平面图中所有火灾自动报警总线采用 WDZN-RYS-2 * 2.5;24 V 电源线竖井内采用 WDZN-BYJ-2 * 4.0。平面中采用 WDZN-BYJ-2 * 2.5;消防电话采用 WDZN-RYS-2 * 1.0;直启控制线采用 WDZN-KYJY-6 * 2.5;消火栓报警按钮线采用 WDZN-BYJ-4 * 2.5;消防广播线采用 WDZN-RYS-3 * 2.5;管线暗敷时,暗敷在不燃烧体结构内,其保护层厚度不小于 30 mm。明敷时,在金属导管或金属线槽上采取防火保护措施。

（2）消火栓泵,自动喷淋泵等消防用水泵设自动巡检装置。

（3）火灾自动报警系统的每回路地址编码总数应留 15% ~20% 的余量。

（4）就地模块箱顶距顶板安装或吊顶内安装（预留观察及维修孔）。

12. 智能疏散指示和应急疏散照明系统

（1）系统特点及组成

本项目采用集中供电点式监控智能（消防）应急疏散照明系统，系统由智能中央监控主站、组合式智能（点式）控制器主机、智能（直流）中央电池主站、安全电压型智能（点式）控制器分机、安全电压类集中电源点式监控型标致灯、安全电压类集中电源点式监控型照明灯等设备组成。地下一层消防控制中心设置一台控制器主机，1~2台中央电池主站，分别向该区域提供电池（应急）电源，并将所有监控主机信息传输到总消防控制室的智能中央监控主站中。

本集中供电点式智能监控应急照明系统要求保证系统所有设备灯具受到监控，以使火灾发生时能够确保提供快速可靠的照明。

所有末端灯具光源均采用高亮度 LED 专用灯具，根据《建筑设计防火规范》中的规定，照度要求及灯具选型原则如下：

①一般（楼层）平面疏散区域≥5 lx，地下场所、人员密集区域≥10 lx。

②防烟疏散楼梯≥10 lx，采用安全电压类应急照明灯。

控制器主机、智能（直流）电池主站、智能（点式）控制器分机均分配唯一地址；末端灯具均带有独立的地址码并自带传感器，能够保证其唯一可识别性及可控性；能够满足日常管理及疏散方案的不同控制要求。

末端灯具本体内均不带蓄电池，以便能够减少后期维护的工作量，降低维护难度；同时智能电池主站要能够主动监控电池组状态，并自动实现充放电管理，以延长系统整体应急电源的使用寿命，并降低系统电源（蓄电池）更换的成本。

系统通信控制采用操作简单、成熟可靠的 CAN-BUS（二线）总线方式，既有利于线缆材料成本的控制，又能保证通信线路的抗干扰能力，稳定可靠。要求系统通信电源为系统自身独立供应，在火灾发生后，不受市电状况影响。

为保证系统的终身可靠性及提高相关设备的可维护性，系统采用集中供电方式，有利于组成系统的所有部分具有良好的维护可测性，并有效降低必要的维护成本。

系统供电主干线路供电电源为 AC220 V 或 DC216 V，确保具有良好的供电范围。系统控制分机设备正常工作电源均取自各控制分机所在设备间内本区域应急照明（或应急电源）配电箱出线回路，备用电源（即应急电源）取自中央电池主站。

所有产品均须通过国家权威部门认证，符合 GB 17945—2010 标准，并通过实际工程运行验证稳定可靠。系统应急时间满足规范要求。

（2）中央智能数字点式监控消防应急疏散照明指示灯系统基本功能要求

日常管理 OFF/ON 程序采用二次编程，方法由业主确定。

系统自动对（直流）电池主站、控制器分机、集中电源控制型灯进行实时监测，发生故障时主机可发出声光报警；声故障可手动消除，光故障必须排除故障后解除。

每24小时进行一次功能性测试计划程序；每3个月给定一次放电性测试计划程序提示；由此保证在火灾发生前系统及每一个灯均处于完好状态。

强迫点灯：火灾信号输入，全系统灯均进入强迫点亮状态。

灯具具有频闪功能，吸引人们视觉注意，从而引导人员安全快速地逃离危险区域。

系统具备主动检测功能，即能够主动点亮灯具，并以是否"点亮"为基本"完好"的判定条件。

系统应具备与 FAS 系统通信、实现消防疏散预案的能力,视业主具体要求而定。

(3)消防联动可采用以下两种方式之一实现:

①采用干结点模式:FAS 按建筑物内所有防火分区提供的着火点信号为一个对应联动结点给 e-bus 系统;

②采用 RS232 接口标准 modbus 协议模式由 FAS 按建筑物内所有防火分区提供的着火点信号为一个对应联动结点给 e-bus 系统。

(4)弱电控制室、变配电室、消防水泵房、防排烟机房、网络机房等与消防有关的机房的备用照明照度值按不低于正常照明照度值设置,应急电源持续工作时间大于 180 min,封闭楼梯间、消防电梯前室、合用前室、疏散走廊、大厅等处设照度不低于 10% 应急照明,应急电源持续工作时间大于 90 min,应急照明采用应急时能迅速点亮的光源,并带玻璃罩保护。

疏散指示灯:在建筑物内适当位置设置疏散照明灯、疏散诱导灯及安全出口指示灯,应急工作时间大于 90 min。

确认火灾发生时,在消防控制室能够通过手/自动的控制方式强制点亮相关部位或全部应急照明和疏散诱导指示灯。

(5)施工注意事项

系统的成套设备,包括报警控制器、联动控制台、CRT 显示器、打印机、应急广播、消防专用电话总机、对讲录音电话及电源设备等均由该承包商成套供货,并负责安装、调试。以上消防各系统为水系统、风系统配套的控制系统,均以水暖专业图纸要求为准。建筑内设置的消防疏散指示标志和消防应急照明灯具,应符合国家现行相关规范的规定。严禁与消防控制室无关的电气线路和管路通过。当火灾发生时,应打开疏散通道上门禁系统控制的门。

8.2.3 设计图纸

本工程设计图纸如图 8-1 至图 8-17 所示。

概述							
一.	**工程概况**						
1.	建筑功能：本工程项目为多层综合楼，首层主要为商业，二层为办公，西侧三层至六层为办公，东侧三层至五层为酒店，地下部分一层，为汽车库、设备用房。						
2.	建筑概况详下表：						

楼号	层数		建筑面积（平米）		建筑高度	耐火等级		建筑
	地下	地上	地下	地上	（米）	地下	地上	分类
1号楼	1	6	4733.13	6598.7	422.9	一级	二级	二类

3.	建筑层高及室内外高差：首层层高为4.80m，二层层高为3.8m，三至六层层高为3.5m，室内外高差：200mm
4.	地下车库机动车停车数量：99辆
5.	结构形式：框架结构体系
6.	建筑设计使用年限：50年
7.	地下室防水等级：一级
8.	屋面防水等级：Ⅱ级
9.	人防等级：本地块不考虑人防
10.	抗震设防烈度：按七度(0.15g)设防

图 8-1　工程概况

水 暖 设 备 参 数 表

2.	照度要求：仅预留灯口，但配置灯具需参照相关标准（GB50034-2013）执行。

具体参数见下表：

房间或场所	照明功率密度（W/m²）	照度对应值（lx）
一般商店营业厅	≤9	300
水泵房	≤3.5	100
风机房	≤3.5	100
一般控制室	≤8	300
办公室	≤8	300
门厅	≤8	300
空调机房	≤3.5	100
走廊	≤3.5	100
网络机房	≤13.5	500
泵房	≤3.5	100
消防控制室	≤13.5	500
车库	≤2	50

3.	应急照明：
（1）	本工程应急照明系统采用集中电源集中控制型智能应急照明疏散系统，疏散照明系统的电源由不接地的直流电源系统供电，其中主要照明灯具、疏散指示和安全出口标志等供电电压为DC24V安全电压。
（2）	应急照明灯和疏散指示灯采用玻璃或其他不燃烧材料制作的保护罩。
（3）	疏散标志灯，安全出口标志灯采用集中直流电源作为第三应急电源。
（4）	消防用电设备在火灾发生期间的最少持续供电时间见下表：

消防用电设备名称	持续供电时间（min）	消防用电设备名称	持续供电时间（min）
火灾自动报警装置	≥10	防排烟设备	>180
人工报警器	≥10	火灾应急广播	≥20
各种确认、通报手段	≥10	火灾疏散标志照明	≥120
消火栓、消防泵及水幕泵	>180	火灾时继续工作的备用照明	≥180
自动喷水系统	>60	消防电梯	>180
水喷雾和泡沫灭火系统	>30		
二氧化碳灭火和干粉灭火系统	>30		

（5）	在重要机房、走廊、楼梯间及其前室，电梯间及其前室，主要出入口等场所设置疏散照明。
	确认火灾后，由消防控制室自动控制点亮相关区域应急照明灯。

图8-2　水暖设备参数表

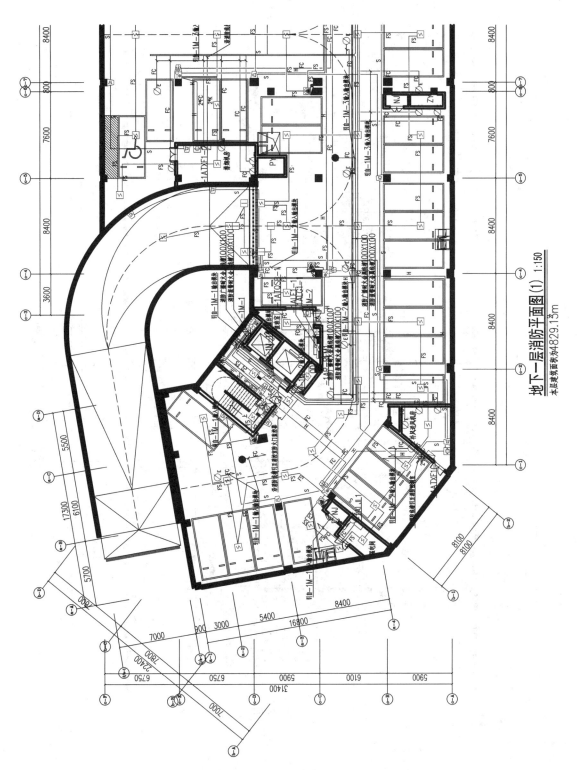

地下一层消防平面图(1) 1:150
本层建筑面积为4829.13m²

图 8-3　地下一层消防平面图(1)

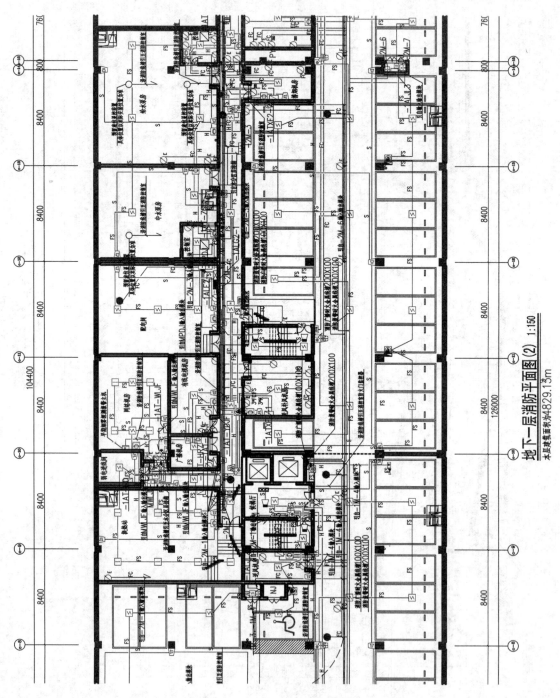

地下一层消防平面图(2) 1:150

本层建筑面积为4829.13m

图8-4　地下一层消防平面图(2)

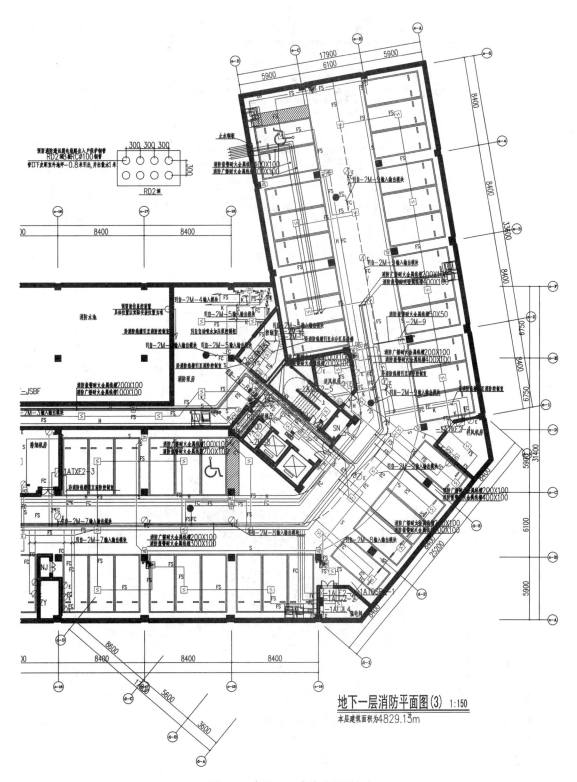

地下一层消防平面图(3) 1:150
本层建筑面积为4829.13m²

图8-5　地下一层消防平面图(3)

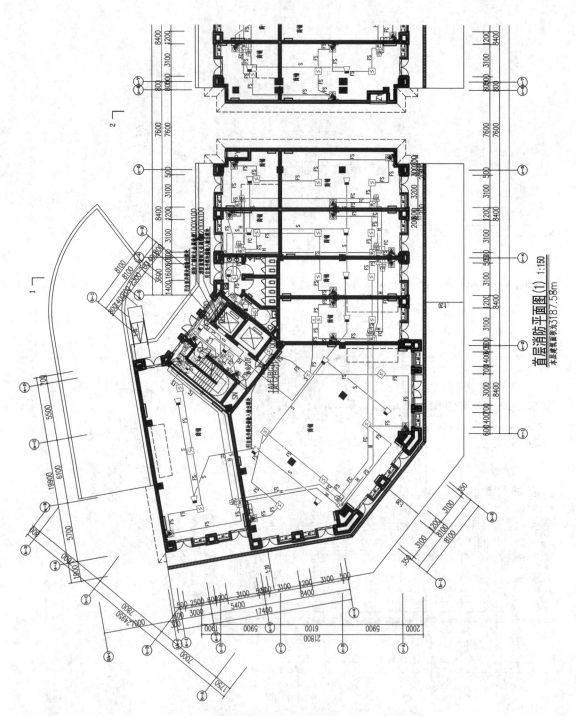

首层消防平面图(1) 1:150
本层建筑面积为3187.58m

图8-6 首层消防平面图(1)

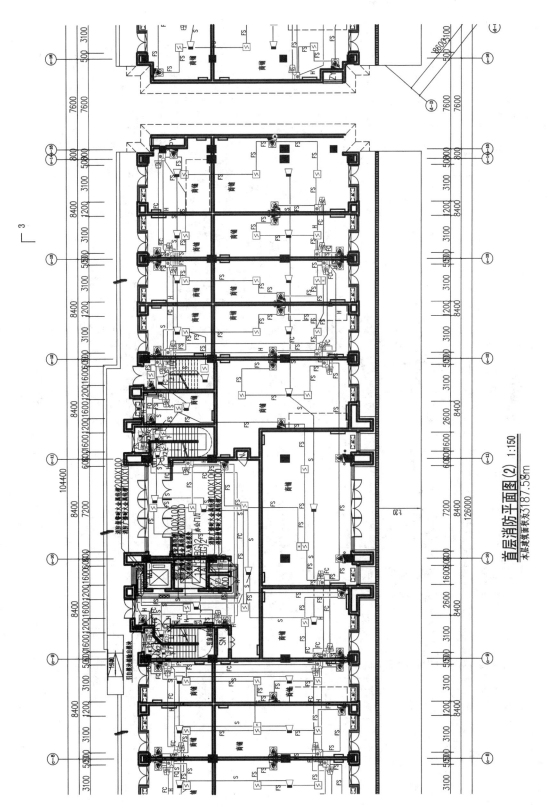

图8-7 首层消防平面图(2)

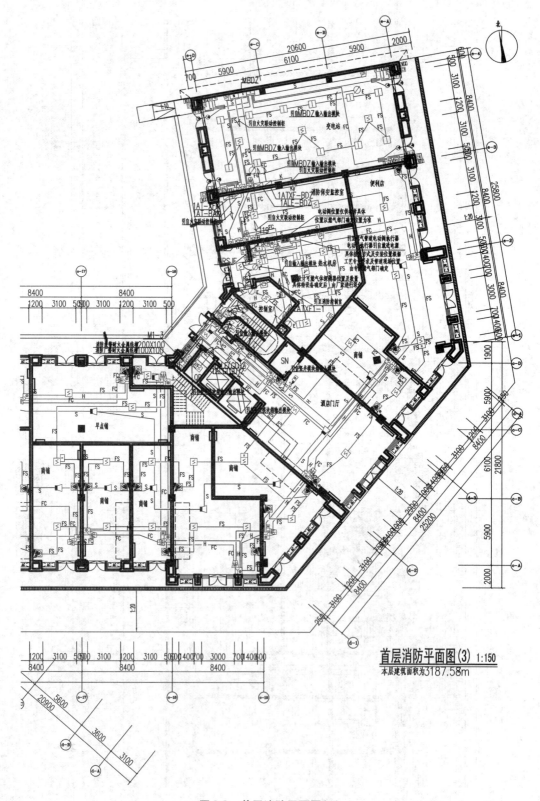

图8-8　首层消防平面图（3）

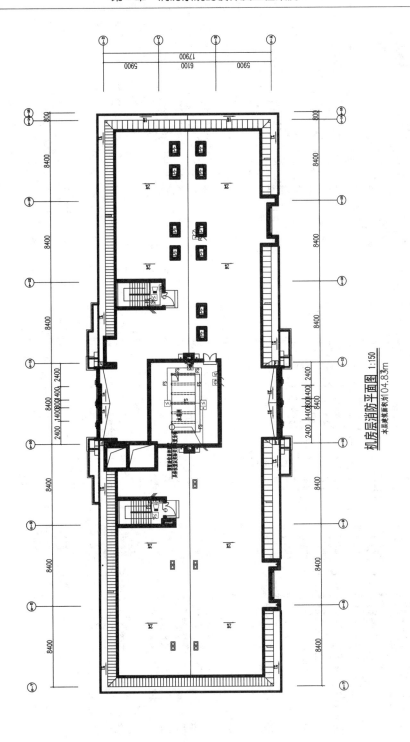

机房层消防平面图 1:150
本层建筑面积约104.83m

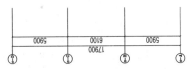

图8-9 机房层消防平面图

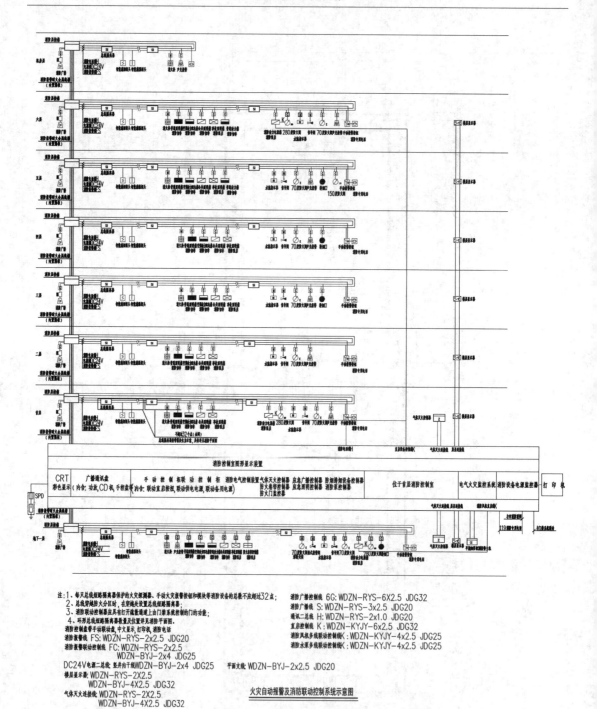

注：1、每只总线短路隔离器保护的火灾探测器、手动火灾报警按钮和模块等消防设备的总数不应超过32点；
2、总线穿越防火分区时，在穿越处设置总线短路隔离器；
3、消防联动控制器具有打开疏散通道上由门禁系统控制的门的功能；
4、环形总线短路隔离器数量及位置详见消防平面图。

消防控制盘带手动联动盘、中文显示、打印机、消防电话
消防报警线 FS：WDZN-RYS-2x2.5 JDG20
消防报警联动控制线 FC：WDZN-RYS-2x2.5
　　　　　　　　　WDZN-BYJ-2x4 JDG25
DC24V电源二总线：竖井内干线WDZN-BYJ-2x4 JDG25
楼层显示线：WDZN-RYS-2X2.5
　　　　　　WDZN-BYJ-4X2.5 JDG32
气体灭火连接线 WDZN-RYS-2X2.5
　　　　　　　WDZN-BYJ-4X2.5 JDG32

消防广播控制线 6G：WDZN-RYS-6X2.5 JDG32
消防广播线 S：WDZN-RYS-3x2.5 JDG20
通讯二总线 H：WDZN-RYS-2x1.0 JDG20
直启控制线 K：WDZN-KYJY-6x2.5 JDG32
消防风机多线联动控制线K：WDZN-KYJY-4x2.5 JDG25
消防水泵多线联动控制线K：WDZN-KYJY-4x2.5 JDG25

平面支线 WDZN-BYJ-2x2.5 JDG20

火灾自动报警及消防联动控制系统示意图

图8-10　火灾自动报警及消防联动控制系统示意图

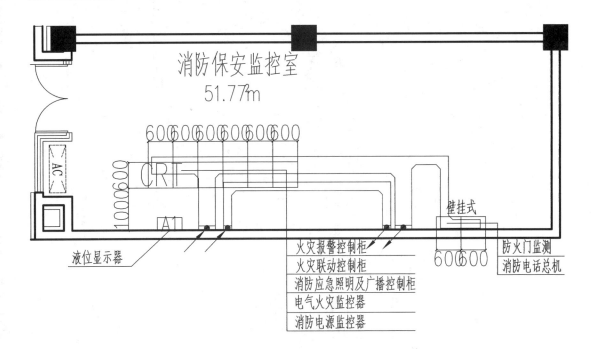

消防保安监控室
51.77m

火灾报警控制柜
火灾联动控制柜
消防应急照明及广播控制柜
电气火灾监控器
消防电源监控器

壁挂式

防火门监测
消防电话总机

液位显示器

消防控制室消防控制柜布置示意图

图 8-11　消防控制室消防控制柜布置示意图

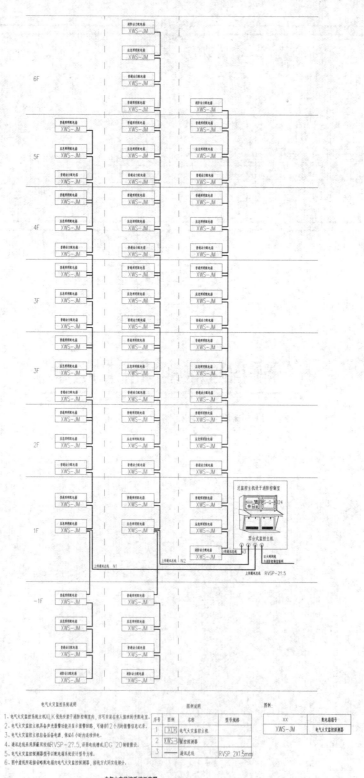

电气火灾监控系统示意图

图 8-12　电气火灾监控系统示意图

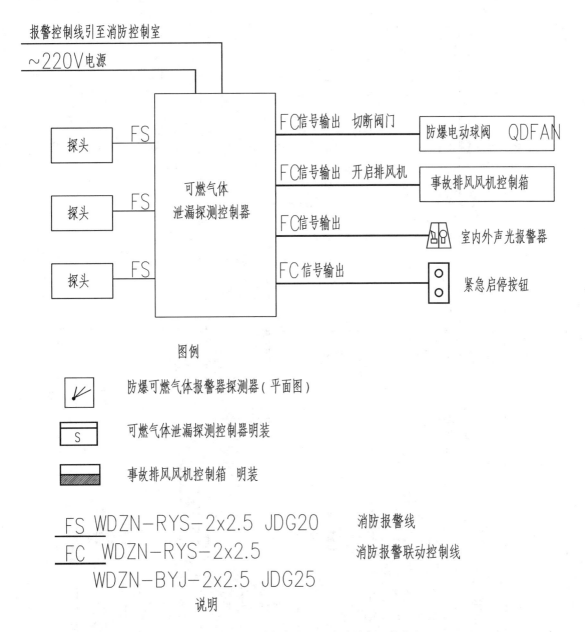

图 8-13 可燃气体泄漏探测控制器原理图

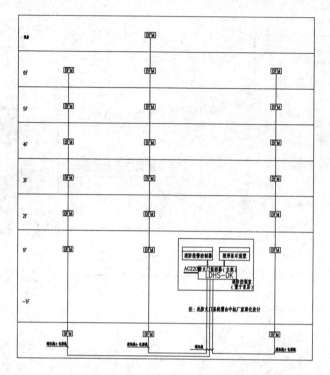

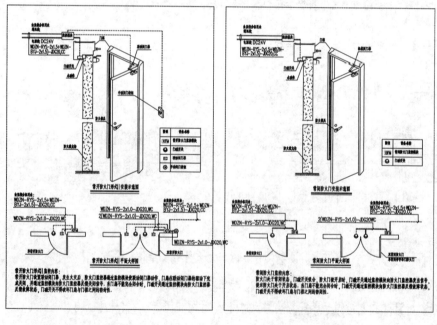

图 8-14　防火门监控系统示意图

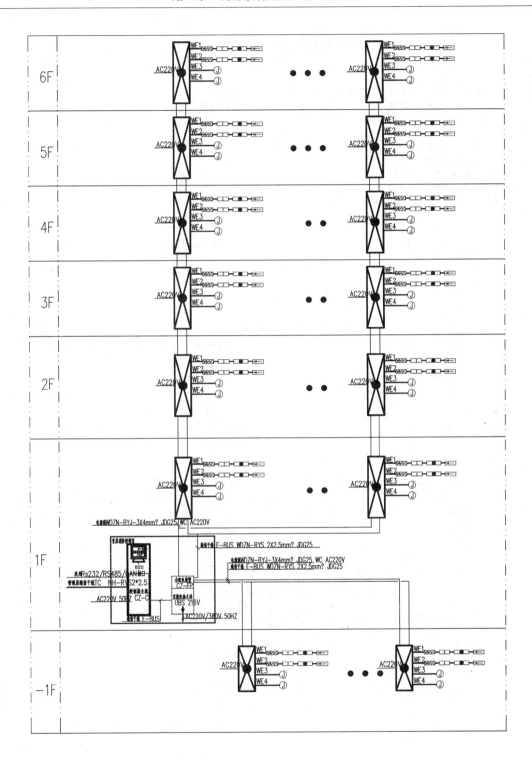

智能疏散应急照明系统示意图

图 8-15 智能疏散应急照明系统示意图

智能疏散指示和应急疏散照明系统图

施工注意事项:

1、本系统内部的供电主干线缆(电池主站与控制器分机之间/EG)采用WDZN-BYJ-3x4-JDG25敷设.

2、本系统内部的通讯(控制)主干线缆(监控主站与各管理设备之间/E-BUS)采用WDZN-BYJ-2x2.5+WDZN-RYS-2x1.5-JDG25敷设.

3、安全电压型控制器分机出线(电源线/EY+通讯线/e-bus):WDZN-BYJ-2x2.5+WDZN-RYS-2x1.5-JDG25敷设.

4、防烟楼梯间按独立竖向的防火分区单独设置消防应急疏散照明分配装置, 疏散照明安装于踏步第一阶, 高度2.5m;
   楼梯间的输出线(电源线/EY+通讯线/e-bus):WDZN-BYJ-2x2.5+WDZN-RYS-2x1.5-JDG25敷设.

5、本工程安全电压汞集中电源点式监控型标志灯及照明灯的控制线和电源线可以同管敷设.

6、E-BUS干线在弱电线槽中敷设时需采用屏蔽型电缆.

7、末端出线回路分支时每只灯只宜设一次分支(基于接头工艺难度考虑).

8、订货时,选用FAS需与e-bus系统采用的接口和通信协议同步进行协商一致.

序号	图例	名称	型号	功能	功率	安装方式
	▭	出口指示灯	CZ-BLJC-1EII1W-(E-BUS/10-20系列)	巡检、频闪、灭灯功能, 独立地址编码, 光源传感器	1W	门框上方0.2米处, 壁挂式安装
	▭	楼层指示灯	CZ-BLJC-1EII1W-(E-BUS/10-20系列)	巡检、频闪、灭灯功能, 独立地址编码, 光源传感器	1W	门框上方0.2米处, 壁挂式安装
	▭	疏散指示灯	CZ-BLJC-1EII1W-(E-BUS/10系列)	巡检、频闪、灭灯功能, 独立地址编码, 光源传感器	1W	吊装、壁装
	▭	疏散指示灯	CZ-BLJC-1EII1W-(E-BUS/10系列)	巡检、频闪、灭灯功能, 独立地址编码, 方向可调	1W	吊装、壁装
	①	安全电压型应急照明灯	CZ-ZLJC-E5W-(e-bus/10-19-10.0Lx)	巡检、开灯、关灯, 独立地址编码, 光源传感器	5W	吊装、壁装
			CZ-ZLJC-E5W-(e-bus/10-19B-10.0Lx)			
	▨	智能点式 控制器分机	S-1008P8-V4	通讯功能, 回路控制, 回路供灯具供电功能	壁装	外形尺寸: 高?宽?: (mm)=750?00?00
	电池主站 UBS216V	智能(点式监控) (直流)电池主站	UBS216V	常态时系统备用供电电源 应急状态下系统应急直流电源	落地安装	外形尺寸: 高?宽?: (mm)=2200?00?50
	[主机图]	组合式智能(点式) 系统主机	CZ-C-100W-(ELS-32NQ-V4)	系统主机, 监视及状态控制 接收消防联动信号及信号反馈到消防监控主机		安装方式: 落地式 外形尺寸: 高?宽? (mm)=1800?00?00
	———	应急电源配电干线	智能点式控制型智能疏散系统电源(DC216V)	线型: WDZN-BYJ-3x4-JDG25		
	———	E-BUS通讯干线	智能点式控制型智能疏散系统通讯干线	线型: WDZN-RYS-2x1.5 -JDG25		
	———	系统末端照明配电(安全电压)	系统末端照明配电(DC24V)及通讯控制线	线型: WDZN-BYJ-2x2.5+WDZN-RYS-2x1.5-JDG25		
	———	管理层通讯干线	中央监控主站与控制器主机通讯干线	线型: WDZN-RYS-2x1.5-JDG25		

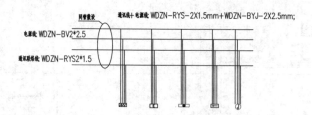

通讯线+电源线 WDZN-RYS-2X1.5mm+WDZN-BYJ-2X2.5mm;

电源线 WDZN-BV2*2.5

通讯联络线 WDZN-RYS2*1.5

图8-16 智能疏散指示和应急疏散照明系统图

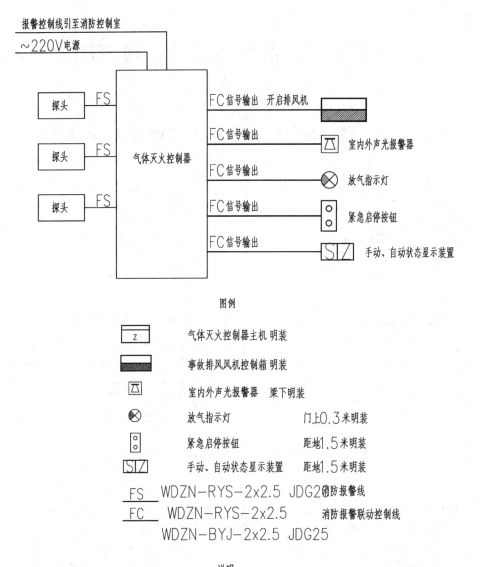

图例

[z]	气体灭火控制器主机　明装
▬	事故排风风机控制箱　明装
△	室内外声光报警器　梁下明装
⊗	放气指示灯　　　　　门上0.3米明装
⊡	紧急启停按钮　　　　距地1.5米明装
SZ	手动、自动状态显示装置　距地1.5米明装

FS　WDZN-RYS-2x2.5 JDG2消防报警线

FC　WDZN-RYS-2x2.5　　　消防报警联动控制线

WDZN-BYJ-2x2.5 JDG25

说明

本系统探测器安装方式, 布线方式由设备供货单位与本系统安装单位配合完成.
施工严格准守产品使用说明书要求及布线要求.

对报警控制器的接口条件:

1. 启动瓶(每区一个)接收火灾报警控制器发出的启动信号, 线数2根, 启动电压DC24V.

2. 压力继电器(每区一个)当相应防护区的灭火瓶启动后, 向报警控制器送出释放信号,
释放信号, 为报警控制器提供一个常开接点(2根线).

3. 灭火剂失重报警(故障), 报警控制器提供DC24V电源, 当灭火剂失重时,
灭火剂的检漏装置送出＋24V电压(三根线)

4. 防护区内外设置手动、自动转换装置。当人员进入防护区时, 灭火系统转换为手动
控制方式, 当人员离开时, 恢复为自动控制方式。防护区内外需设置手动、自动控制
状态显示装置

气体灭火控制器原理图

图 8-17　气体灭火控制器原理图

附录 A 《火灾自动报警系统设计规范图示》摘录

A.1 火灾自动报警系统常用设备的图形及文字符号

序号	图例	名称	序号	图例	名称
1		火灾报警控制器	26		独立式电气火灾监控探测器（测温式）
2	C	集中型火灾报警控制器	27		缆式线型感温探测器
3	Z	区域型火灾报警控制器	28		火灾声报警器
4	S	可燃气体报警控制器	29		火灾光报警器
5	XD	接线端子箱	30		火灾声光报警器
6	RS	防火卷帘控制器	31		火灾警报扬声器
7	RD	防火门磁释放器	32		火警电铃
8	I/O	输入/输出模块	33		扬声器，一般符号
9	I	输入模块	34		嵌入式安装扬声器箱
10	O	输出模块	35		消防电话分机
11	M	模块箱	36	E	安全出口指示灯
12	SI	短路隔离器	37		疏散方向指示
13	D	区域显示器（楼层显示器、火灾显示盘）	38		自动喷洒头（开式）
14	Y	手动报警按钮	39		自动喷洒头（闭式）
15		消火栓按钮	40	L	液位传感器
16	YO	带消防电话插孔的手动报警按钮	41		信号阀（带监视信号的检修阀）
17		水流指示器	42		电磁阀
18	P	压力开关	43		电动阀
19		感烟探测器（点型）	44	70℃	常开防火阀（70℃熔断关闭）
20		感温探测器（点型）	45	280℃	常开排烟防火阀（280℃熔断关闭）
21		感光火灾探测器（点型）	46	280℃	常闭排烟防火阀（电控开启，280℃熔断关闭）
22		可燃气体探测器（点型）	47	S	火灾报警信号线
23		独立式火灾探测报警器（感烟式）	48	D	24V电源线
24	L	剩余电流式电气火灾监控探测器	49	F	消防电话线
25		独立式电气火灾监控探测器（剩余电流式）	50	BC	广播线路

A.2 火灾自动报警系统的构成

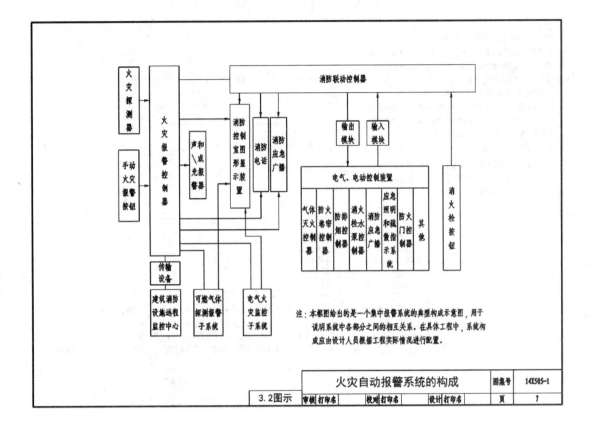

注：本框图给出的是一个集中报警系统的典型构成示意图，用于
　　说明系统中各部分之间的相互关系。在具体工程中，系统构
　　成应由设计人员根据工程实际情况进行配置。

	火灾自动报警系统的构成	图集号	14X505-1
3.2图示 审核 打印名 校对 打印名 设计 打印名		页	7

A.3 区域报警系统

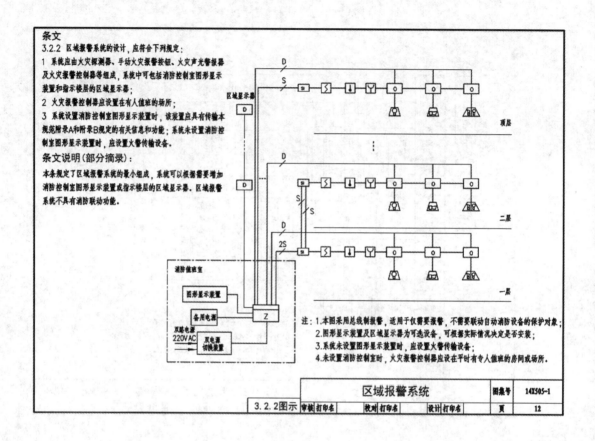

条文
3.2.2 区域报警系统的设计，应符合下列规定：
1 系统应由火灾探测器、手动火灾报警按钮、火灾声光警报器及火灾报警控制器等组成，系统中可包括消防控制室图形显示装置和指示楼层的区域显示器；
2 火灾报警控制器应设置在有人值班的场所；
3 系统设置消防控制室图形显示装置时，该装置应具有传输本规范附录A和附录B规定的有关信息和功能；系统未设置消防控制室图形显示装置时，应设置火警传输设备。

条文说明（部分摘录）：
本条规定了区域报警系统的最小组成，系统可以根据需要增加消防控制室图形显示装置或指示楼层的区域显示器。区域报警系统不具有消防联动功能。

消防值班室
图形显示装置
备用电源
双路电源
220V AC
双电源切换装置

注：1.本图采用总线制报警，适用于仅需要报警，不需要联动自动消防设备的保护对象；
2.图形显示装置及区域显示器为可选设备，可根据实际情况决定是否安装；
3.系统未设置图形显示装置时，应设置火警传输设备；
4.未设置消防控制室时，火灾报警控制器应设在平时有专人值班的房间或场所。

	区域报警系统	图集号	14X505-1
3.2.2图示	审核 打印名　校对 打印名　设计 打印名	页	12

A.4　集中报警系统

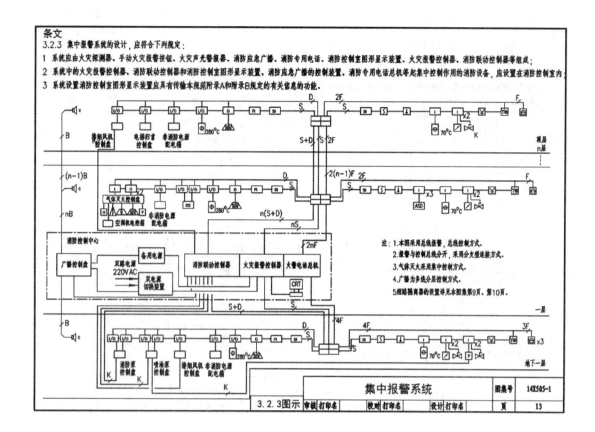

条文

3.2.3 集中报警系统的设计，应符合下列规定：

1　系统应由火灾探测器、手动火灾报警按钮、火灾声光警报器、消防应急广播、消防专用电话、消防控制室图形显示装置、火灾报警控制器、消防联动控制器等组成；

2　系统中的火灾报警控制器、消防联动控制器和消防控制室图形显示装置、消防应急广播的控制装置、消防专用电话总机等起集中控制作用的消防设备，应设置在消防控制室内；

3　系统设置消防控制室图形显示装置应具有传输本规范附录A和附录B规定的有关信息的功能。

注：1.本图采用总线报警，总线控制方式。
　　2.报警与控制总线分开，采用分支型连接方式。
　　3.气体灭火采用集中控制方式。
　　4.广播为多线分层控制方式。
　　5.短路隔离器的设置详见本图集第9页、第10页。

		集中报警系统	图集号	14X505-1
3.2.3图示	审核 打印名　校对 打印名　设计 打印名		页	13

A.5 控制中心报警系统

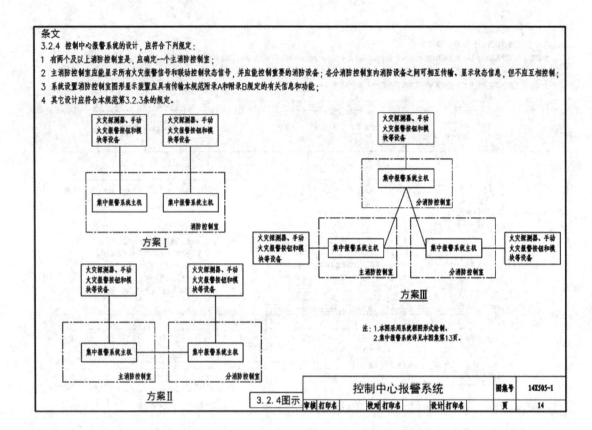

条文
3.2.4 控制中心报警系统的设计，应符合下列规定：
1 有两个及以上消防控制室是，应确定一个主消防控制室；
2 主消防控制室应能显示所有火灾报警信号和联动控制状态信号，并应能控制重要的消防设备；各分消防控制室内消防设备之间可相互传输、显示状态信息，但不应互相控制；
3 系统设置消防控制室图形显示装置应具有传输本规范附录A和附录B规定的有关信息和功能；
4 其它设计应符合本规范第3.2.3条的规定。

方案Ⅰ

方案Ⅱ

方案Ⅲ

注：1.本图采用系统框图形式绘制。
2.集中报警系统详见本图集第13页。

3.2.4图示

控制中心报警系统		图集号	14X505-1
审核 打印名	校对 打印名	设计 打印名	页 14

A.6　消防控制室布置图

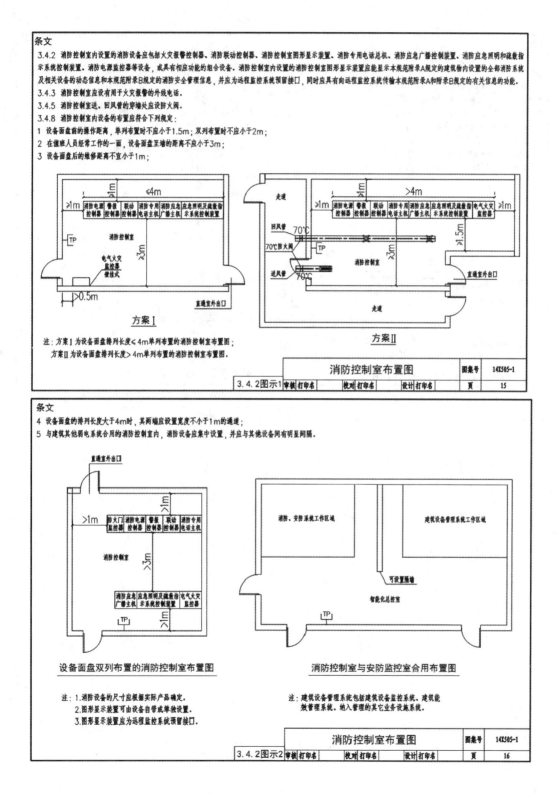

A.7 消防应急照明和疏散指示系统联动控制(1)

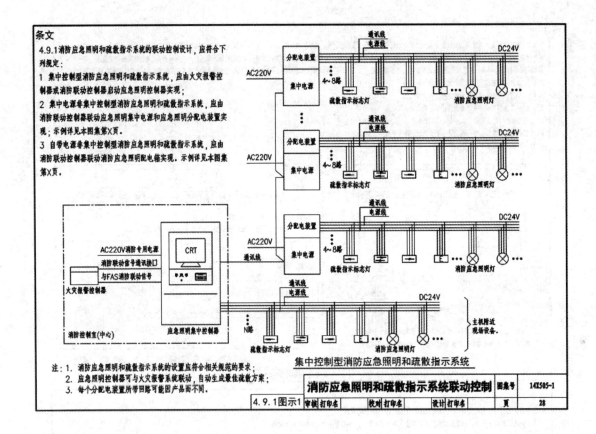

A.8 消防应急照明和疏散指示系统联动控制(2)

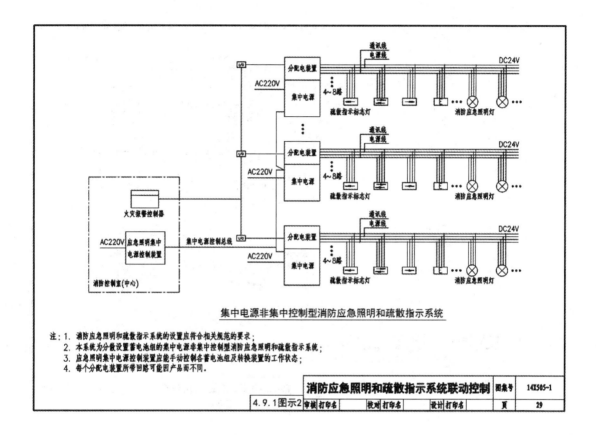

集中电源非集中控制型消防应急照明和疏散指示系统

注: 1. 消防应急照明和疏散指示系统的设置应符合相关规范的要求;
　　2. 本系统为分散设置蓄电池组的集中电源非集中控制型消防应急照明和疏散指示系统;
　　3. 应急照明集中电源控制装置应能手动控制各蓄电池组及转换装置的工作状态;
　　4. 每个分配电装置所带回路可能因产品而不同。

4.9.1图示2	消防应急照明和疏散指示系统联动控制		图集号	14X505-1
	审核 打印名	校对 打印名	设计 打印名	页 29

A.9 消防应急照明和疏散指示系统联动控制(3)

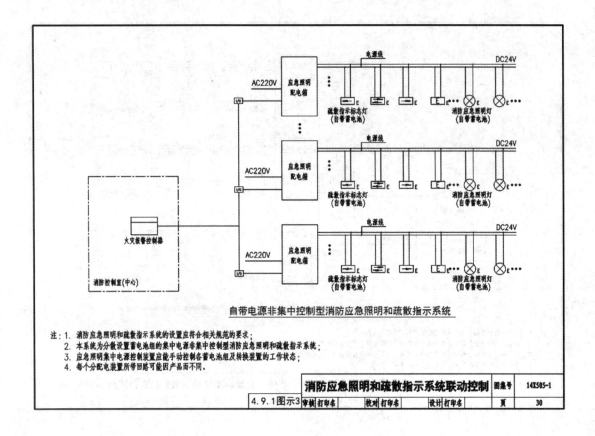

自带电源非集中控制型消防应急照明和疏散指示系统

注:1. 消防应急照明和疏散指示系统的设置应符合相关规范的要求;
2. 本系统为分散设置蓄电池组的集中电源非集中控制型消防应急照明和疏散指示系统;
3. 应急照明集中电源控制装置应能手动控制各蓄电池组及转换装置的工作状态;
4. 每个分配电装置所带回路可能因产品而不同.

消防应急照明和疏散指示系统联动控制		图集号	14X505-1
4.9.1图示3	审核 打印名　校对 打印名　设计 打印名	页	30

A.10　消防应急照明和疏散指示系统联动控制(4)

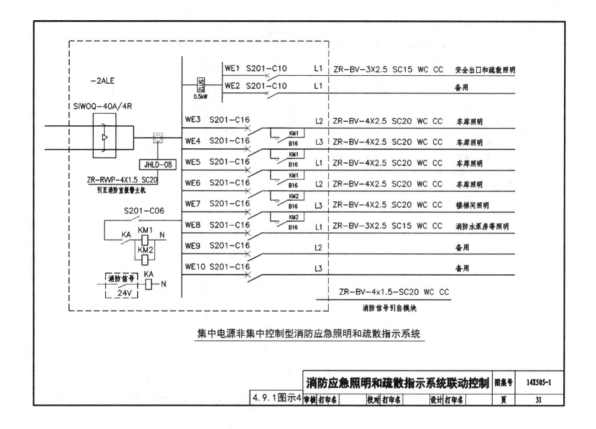

集中电源非集中控制型消防应急照明和疏散指示系统

消防应急照明和疏散指示系统联动控制	图集号	14X505-1
4.9.1图示4　审核 打印名　校对 打印名　设计 打印名	页	31

A.11　电梯井中点型探测器的设置

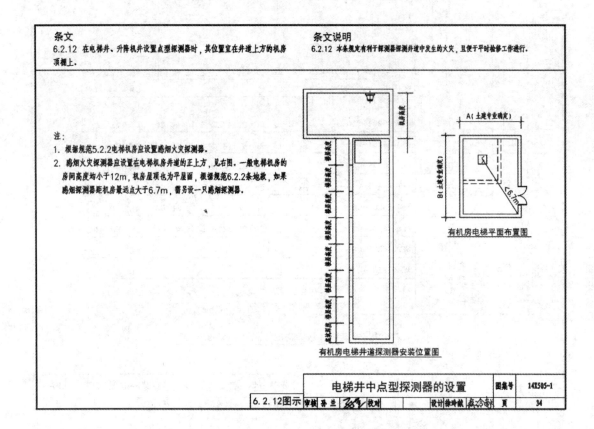

条文
6.2.12 在电梯井、升降机井设置点型探测器时，其位置宜在井道上方的机房顶棚上。

条文说明
6.2.12 本条规定有利于探测器探测井道中发生的火灾，且便于平时检修工作进行。

注：
1. 根据规范5.2.2电梯机房应设置感烟火灾探测器。
2. 感烟火灾探测器应设置在电梯机房井道的正上方，见右图。一般电梯机房的房间高度均小于12m，机房屋顶也为平屋面，根据规范6.2.2条地款，如果感烟探测器距机房最远点大于6.7m，需另设一只感烟探测器。

机房高度

有机房电梯井道探测器安装位置图

A（ 土建专业确定）

B（ 土建专业确定）

<6.7m

有机房电梯平面布置图

6.2.12图示	电梯井中点型探测器的设置	图集号	14X505-1
审核 吴兰	校对	设计 徐时献	页 34

A.12　区域显示器(火灾显示盘)

条文

6.4.1 每个报警区域宜设置一台区域显示器(火灾显示盘);宾馆、饭店等场所应在每个报警区域设置一台区域显示器。当一个报警区域包括多个楼层时,宜在每个楼层设置一台仅显示本楼层的区域显示器。

条文说明

6.4.1 规定是根据我国工程实践经验制订。由于目前区域显示器、楼层显示器均为火灾显示盘,产品都属于一类,但是叫法不统一,从目前市场及工程实际的习惯叫为区域显示器,但是产品的国家标准为火灾显示盘,因此在规范内将该名称改为区域显示器(火灾显示盘),以便于规范的执行。

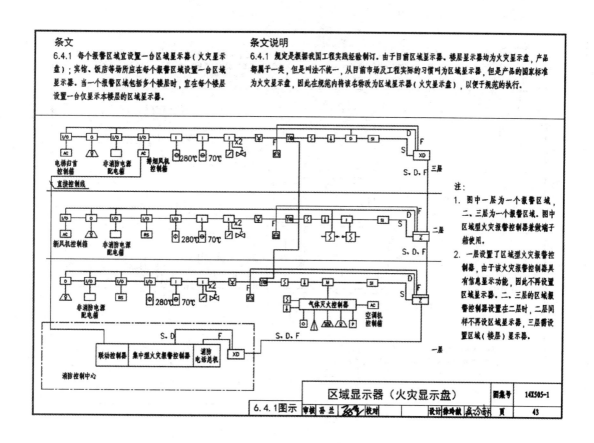

注:
1. 图中一层为一个报警区域,二、三层为一个报警区域。图中区域型火灾报警控制器兼做端子箱使用。
2. 一层设置了区域型火灾报警控制器,由于该火灾报警控制器具有信息显示功能,因此不再设置区域显示器。二、三层的区域报警控制器设置在二层时,二层同样不再设区域显示器,三层需设置区域(楼层)显示器。

区域显示器（火灾显示盘）		图集号	14X505-1
6.4.1图示 审核 吴兰 校对	设计 徐玲娜	页	43

A.13　火灾光报警器

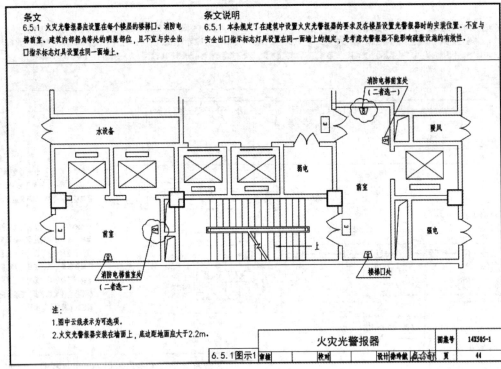

条文
6.5.1 火灾光警报器应设置在每个楼层的楼梯口、消防电梯前室、建筑内部拐角等处的明显部位，且不宜与安全出口指示标志灯具设置在同一面墙上。

条文说明
6.5.1 本条规定了在建筑中设置火灾光警报器的要求及各楼层设置光警报器时的安装位置。不宜与安全出口指示标志灯具设置在同一面墙上的规定，是考虑光警报器不能影响疏散设施的有效性。

注：
1.图中云线表示为可选项。
2.火灾光警报器安装在墙面上，底边距地面应大于2.2m。

火灾光警报器		图集号	14X505-1
6.5.1图示1	审核　　　　校对　　　　设计	页	44

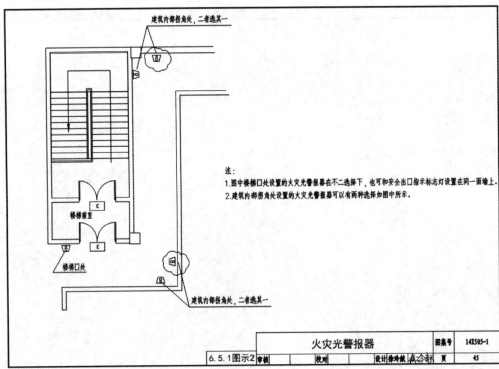

注：
1.图中楼梯口处设置的火灾光警报器在不二选择下，也可和安全出口指示标志灯设置在同一面墙上。
2.建筑内部拐角处设置的火灾光警报器可以有两种选择如图中所示。

火灾光警报器		图集号	14X505-1
6.5.1图示2	审核　　　　校对　　　　设计	页	45

A.14 A 类系统示意图

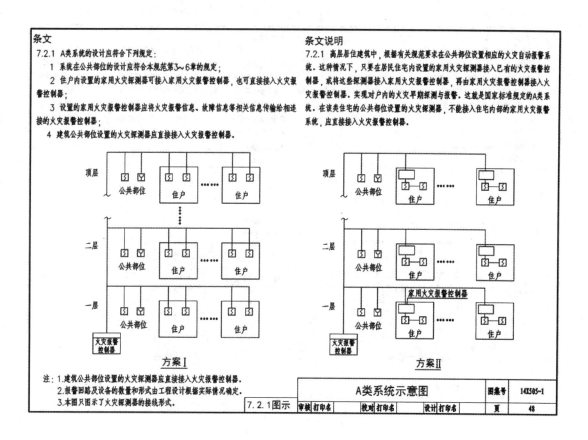

条文

7.2.1 A类系统的设计应符合下列规定:

1 系统在公共部位的设计应符合本规范第3~6章的规定;

2 住户内设置的家用火灾探测器可接入家用火灾报警控制器,也可直接接入火灾报警控制器;

3 设置的家用火灾报警控制器应将火灾报警信息、故障信息等相关信息传输给相连接的火灾报警控制器;

4 建筑公共部位设置的火灾探测器应直接接入火灾报警控制器。

条文说明

7.2.1 高层居住建筑中,根据有关规范要求在公共部位设置相应的火灾自动报警系统。这种情况下,只要在居民住宅内设置的家用火灾探测器接入已有的火灾报警控制器,或将这些探测器接入家用火灾报警控制器,再由家用火灾报警控制器接入火灾报警控制器,实现对户内的火灾早期探测与报警。这就是国家标准规定的A类系统。在该类住宅的公共部位设置的火灾探测器,不能接入住宅内部的家用火灾报警系统,应直接接入火灾报警控制器。

方案Ⅰ

方案Ⅱ

注:1.建筑公共部位设置的火灾探测器应直接接入火灾报警控制器。
　　2.报警回路及设备的数量和形式由工程设计根据实际情况确定。
　　3.本图只图示了火灾探测器的接线形式。

7.2.1图示

A类系统示意图		图集号	14X505-1
审核 打印名	校对 打印名	设计 打印名	页 48

A.15 B 类和 C 类系统示意图

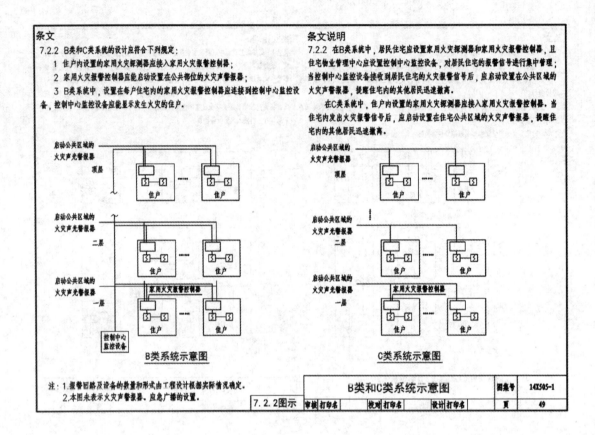

条文

7.2.2 B类和C类系统的设计应符合下列规定：

1 住户内设置的家用火灾探测器应接入家用火灾报警控制器；

2 家用火灾报警控制器应能启动设置在公共部位的火灾声警报器；

3 B类系统中，设置在每户住宅内的家用火灾报警控制器应连接到控制中心监控设备，控制中心监控设备应能显示发生火灾的住户。

条文说明

7.2.2 在B类系统中，居民住宅应设置家用火灾探测器和家用火灾报警控制器，且住宅物业管理中心应设置控制中心监控设备，对居民住宅的报警信号进行集中管理；当控制中心监控设备接收到居民住宅的火灾报警信号后，应启动设置在公共区域的火灾声警报器，提醒住宅内的其他居民迅速撤离。

在C类系统中，住户内设置的家用火灾探测器应接入家用火灾报警控制器。当住宅内发出火灾报警信号后，应启动设置在住宅公共区域的火灾声警报器，提醒住宅内的其他居民迅速撤离。

B类系统示意图

C类系统示意图

注：1.报警回路及设备的数量和形式由工程设计根据实际情况确定。
2.本图未表示火灾声警报器、应急广播的设置。

	B类和C类系统示意图	图集号	14X505-1
7.2.2图示	审核 打印名 校对 打印名 设计 打印名	页	49

A.16 A 类系统火灾声警报器及应急广播的设置

条文

7.5.1 住宅建筑公共部位设置的火灾声警报器应具有语音功能,且应能接受联动控制和手动火灾报警按钮信号后直接发出警报.

7.5.2 每台警报器覆盖的楼层不应超过3层,且首层明显部位应设置用于直接启动火灾声警报器的手动火灾报警按钮.

7.6.1 住宅建筑内设置的应急广播应能接受联动控制和手动火灾报警按钮信号后直接进行广播.

7.6.2 每台扬声器覆盖的楼层不应超过3层.

条文说明

7.5.1、7.5.2 住宅建筑在发生火灾时可能会影响到整个建筑内住户的安全,应该有即时的火灾警报或语音信号通知,以便有效引导有关人员及时疏散.要求在住宅建筑的公共部位设置具有语音提示功能的火灾声警报器,是为了使住户都能听到火灾警报和语音提示.本条规定了火灾声警报器的设置要求,即火灾声警报器的最大警报范围应为本层及其相邻的上下层.首层明显部位设置的用于直接启动火灾声警报器的手动按钮,为人员发现火灾后及时启动火灾声警报器提供了技术手段.

7.6.1 设置了火灾报警控制器时,应同时设置联动控制启动和手动火灾报警按钮启动方式.

7.6.2 每台扬声器覆盖的楼层不应超过3层,是为了保证每户居民都能听到广播.

注:1.建筑高度为100m或35层及以上的住宅建筑,应设消防控制室及应急广播系统.

2.本图示以一栋采用A类系统的15层住宅建筑为例绘制.

3.设置于一层的手动火灾报警按钮应能直接启动全部火灾声警报器和应急广播扬声器.

4.图示中的火灾声警报器和应急广播扬声器每三层设置一个,为了保证报警效果,火灾声警报器和应急广播扬声器相隔一层设置.实际工程中,火灾声警报器和应急广播的设置应由工程设计人员根据楼层隔音等情况确定.

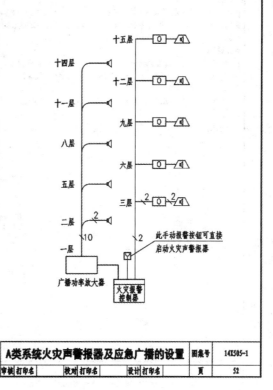

A类系统火灾声警报器及应急广播的设置		图集号	14X505-1
7.5图示	审核 打印名　校对 打印名　设计 打印名	页	52

A.17 可燃气体探测报警系统

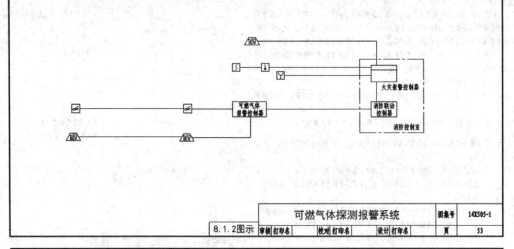

条文

8.1.2 可燃气体探测报警系统应独立组成，可燃气体探测器不应接入火灾报警控制器的探测器回路；当可燃气体的报警信号需接入火灾自动报警系统时，应由可燃气体报警控制器接入。

条文说明

8.1.2 要求可燃气体探测报警系统作为一个独立的由可燃气体报警控制器和可燃气体探测器组成的子系统，而不能将可燃气体探测器接入火灾探测报警系统总线中，主要有以下4方面的原因：

1 目前应用的可燃气体探测器功耗都很大，一般在几十毫安，接入总线后对总线的稳定工作十分不利；

2 现在使用的可燃气体探测器的使用寿命一般只有3、4年，到寿命后对同总线的火灾探测器的正常工作也会产生不利影响；

3 现在使用的可燃气体探测器每年都需要标定，标定期间对同总线的火灾探测器的正常工作也会产生影响；

4 可燃气体报警信号与火灾报警信号的时间与含义均不相同，需要采取的处理方式也不同。该系统需要有自己的独立电源供电，电源可由系统独立供给，也可根据工程的实际情况就地获取，但在就地获取的电源，其供电的可靠性应与该系统一致。

可燃气体探测报警系统		图集号	14X505-1
8.1.2图示	审核 打印名　校对 打印名　设计 打印名	页	53

条文

8.2.1 探测气体密度小于空气密度的可燃气体探测器应设置在被保护空间的顶部，探测气体密度大于空气密度的可燃气体探测器应设置在被保护空间的下部，探测气体密度与空气密度相当时，可燃气体探测器可设置在被保护空间的中间部位或顶部。

条文说明

8.2.1 如果可燃气体的密度小于空气密度，则该气体泄漏后会漂浮在保护空间上方，所以探测器应安装在保护空间上方；如果可燃气体密度大于空气密度，则该气体泄漏后会下沉到保护空间下方，因此探测器应安装在保护空间下部；如果密度相当，探测器可设置在保护空间的中部或顶部。

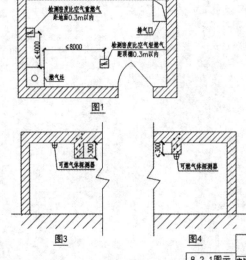

图1

图3　图4

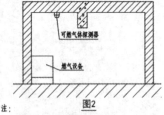

图2

注：

1. 根据《城镇燃气设计规范》GB 50028-2006规定，当检测比空气轻的燃气时，探测器与燃具或阀门的水平距离不得大于8m，安装高度应距顶棚0.3m以内，且不得设在燃具上方；当检测比空气重的燃气时，探测器与燃具或阀门的水平距离不得大于4m，安装高度应距地面0.3m以内。如图1所示。

2. 当可燃气体探测器在屋顶安装时，应装于有燃气设备的梁的一侧，见图2。

3. 当突出物或梁高超过0.3m时，需将探测器安装在顶板下；当探测器安装在突出物或梁上时，探测器距顶板的距离不应大于0.3m，见图3、图4。

可燃气体探测报警系统		图集号	14X505-1
8.2.1图示	审核 打印名　校对 打印名　设计 打印名	页	54

参 考 文 献

［1］ 公安部沈阳消防科学研究院.GB 50116—2013 火灾自动报警系统设计规范［S］.北京：中国计划出版社,2014.

［2］ 公安部沈阳消防科学研究院,西安盛赛尔电子有限公司,上海松江电子仪器厂.GB 16806—2006 消防联动控制系统［S］.北京：中国计划出版社,2007.

［3］ 公安部天津消防研究所.GB 50016—2006,建筑设计防火规范［S］.北京：中国计划出版社,2006.

［4］ 丁宏军.火灾自动报警系统设计［M］.成都：西安交通大学出版社,2014.

［5］ 郑李明.建筑安全防范系统［M］.北京：高等教育出版社,2008.

［6］ 张言荣.智能建筑安全防范自动化技术［M］.北京：中国建筑工业出版社,2002.

［7］ 朱栋华.建筑防火防灾监控系统及应用［M］.北京：化学工业出版社,2008.

［8］ 罗晓梅.消防电气技术［M］.北京：中国电力出版社,2005.

［9］ 迟长春.建筑消防［M］.天津：天津大学出版社,2007.